无须缝合和上袖

从领口开始编织的钩针毛衫

日本宝库社　编著

周晶　译

河南科学技术出版社

·郑州·

目录

01

这是一款色调雅致的插肩袖开衫，采用多种颜色交织在一起的混纺纱。使用长长针的正拉针和反拉针，编织出具有立体感的线条花样。根据个人喜好调整衣袖长度，可适穿多个季节。

用线　和麻纳卡 春夏秋冬
设计　武田敦子
制作　饭塚静代
编织方法　p.42

成品轻透柔软、垂顺亲肤。

02

这款毛衫乍一看好像是套头衫，其实是一款轻透的后背单粒纽扣扣合的开衫，长度到腰部以下，便于活动。精巧、华丽的扇形花样很容易就勾起了人们的编织欲。也可以将开口朝前，一衣两穿。

用线　和麻纳卡 弥生
设计　岸 睦子
编织方法　p.46

03

将第6页的毛衫改编成短款，采用藏青色可水洗线材编织，适合与轻快休闲风格的衣服搭配。如果编织成无纽扣短上衣，还可搭配连衣裙。

用线　和麻纳卡 Wash Cotton
设计　岸 睦子
编织方法　p.46

采用清凉、亲肤的亚麻线，镂空的编织花样也令人感觉凉爽。

04

这是一款植物花样圆育克开衫，满满的少女感。叶片由小到大，胸前点缀盛放的花朵。花样富于变化，让人想不断编织下去。领口和前门襟简单钩织了短针。

用线　和麻纳卡 Washable Linen
设计　矢野康子
制作　长谷川千代子
编织方法　p.52

05

这是一款休闲风小花花样圆育克套头衫，形似T恤。领口、下摆、袖口均为织片直接编织完成，不用做缝合。闪耀着淡雅金色光泽的夏纱，非常适合气质优雅的人日常穿着。

用线　和麻纳卡 Wash Cotton Crochet Lame
设计　河合真弓
制作　栗原由美
编织方法　p.12

06

将第10页的套头衫改成了开衫，白色方眼与贝壳花样，搭配浅灰色网格编织，看上去十分清爽。身片和衣袖均为等针直编，可以根据自己的喜好调整长度。

用线　和麻纳卡 Wash Cotton Crochet
设计　河合真弓
制作　栗原由美
编织方法　p.57

从领口开始
编织圆育克毛衣的方法

平铺展开的身片和衣袖的编织图，满是各种线条和○、× 的标记……!?
不熟悉编织图，刚开始可能会令人望而却步。
但无须缝合和上袖、从领口开始编织的衣物，从开始到完成都非常简单。
首先以简单的圆育克毛衣为例，介绍基本的编织方法和步骤。

05 图片 … p.10

材料和工具

用线 和麻纳卡 Wash Cotton Crochet Lame 黑色（412）210g/9 团
钩针 3/0 号

←使用的线与钩针。线的用量为“210g：25g/ 团 ×9 团”

成品尺寸

胸围 96cm，衣长 51cm，连肩袖长 34cm ←参照下面“圆育克毛衣的组成部分”

编织密度

编织花样 1 个花样 6 针 2.3cm，10cm14 行 ←参照 p.14“关于编织密度”

编织要点 ←参照 p.13 ~ p.19 的编织图及符号图进行编织

圆育克毛衣的组成部分

请查看书中经常出现的各种术语。

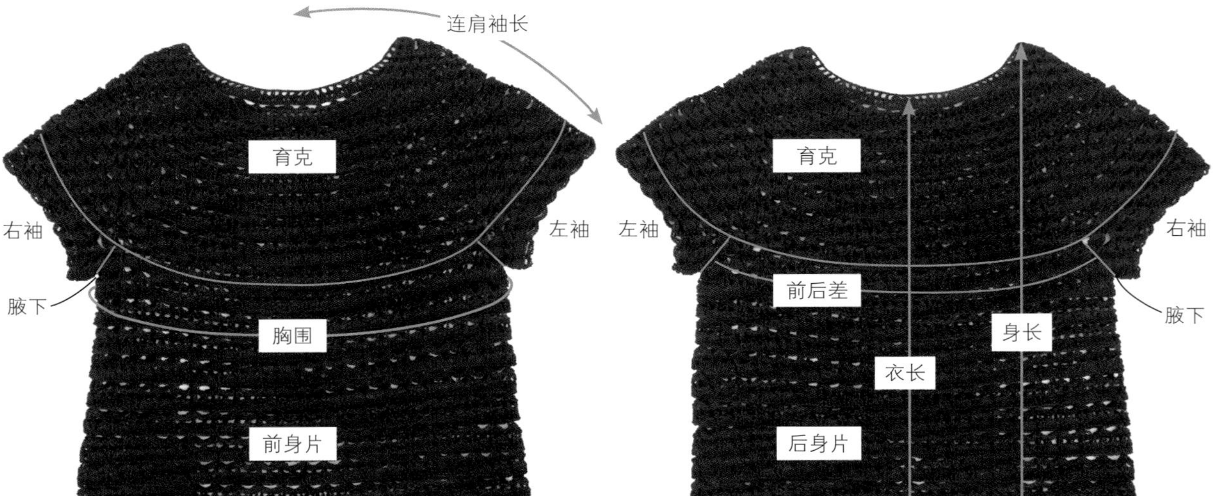

编织图的看法

- 箭头表示编织方向。这里，先在领窝起针，从育克往身片、衣袖进行编织。
- 数字表示尺寸，图中省略了单位“cm”。
- （ ）内为针数、行数。无法用针数计数的花样以花样个数表示。
  例如：起针为 140 针锁针，领窝尺寸为 56cm，育克长 20cm，要编织 29 行。
- 虚线表示继续编织。
- 前、后身片从育克挑针开始环形编织，左、右衣袖从育克和身片的标记处挑针，分别环形编织。

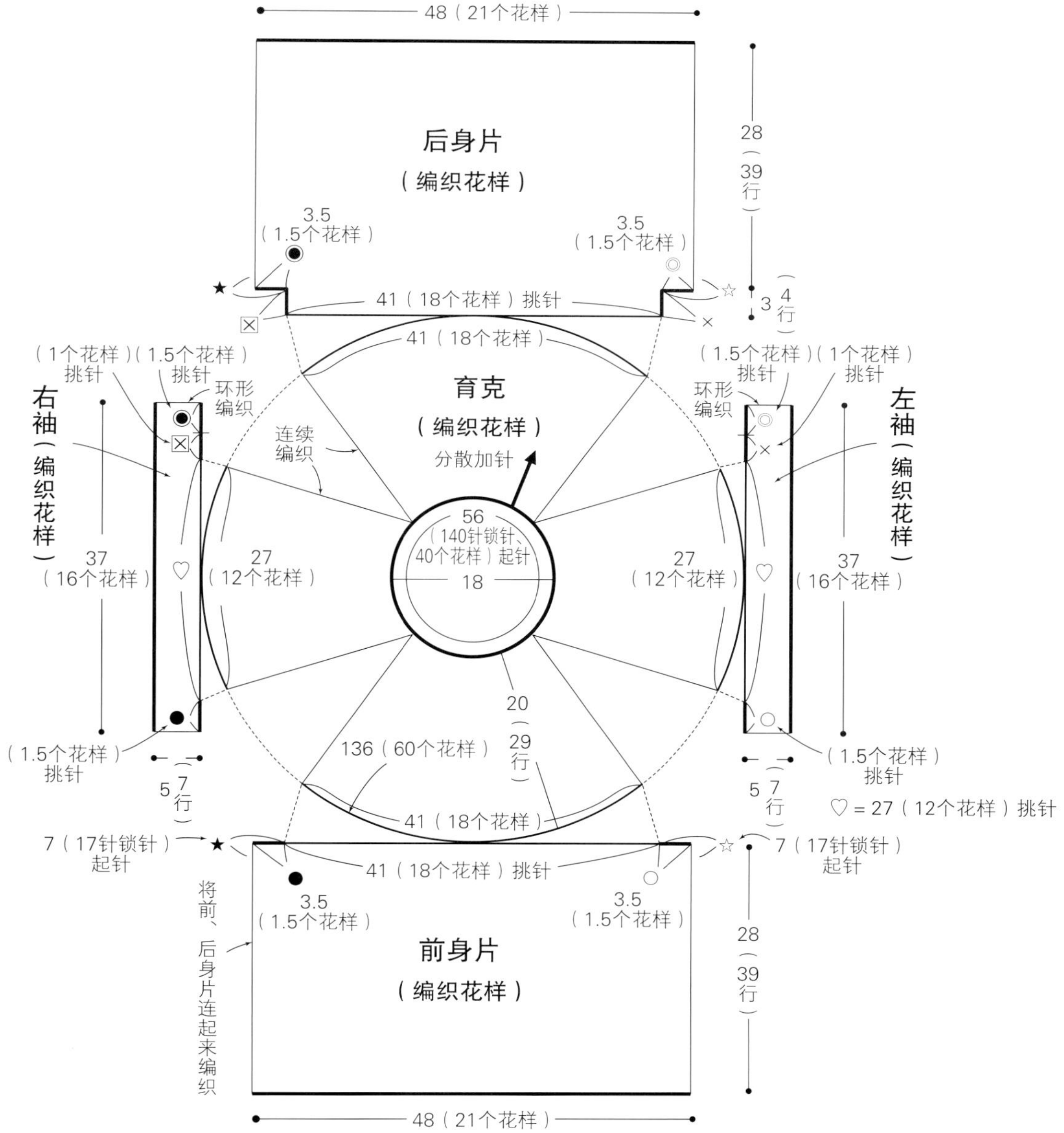

※均使用3/0号钩针编织

编织步骤

这里讲解了从领口开始编织的毛衣的基本编织顺序。

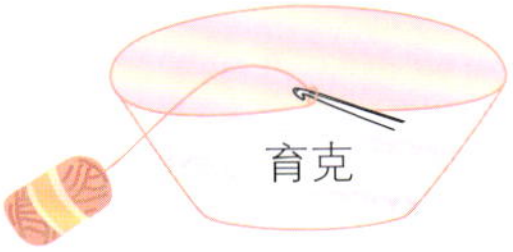

1 领窝起针，开始编织育克。

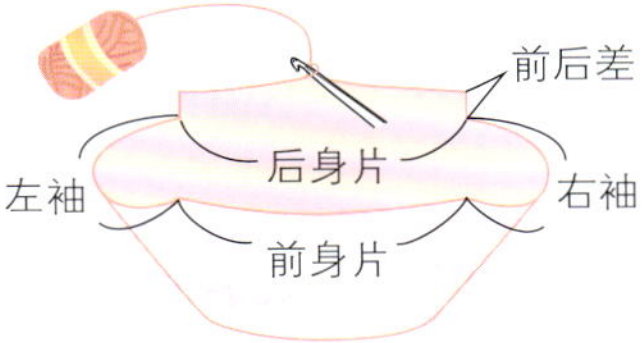

2 将育克分为前身片、后身片、左袖、右袖。后身片先编织几行（3cm左右），制作前后差。

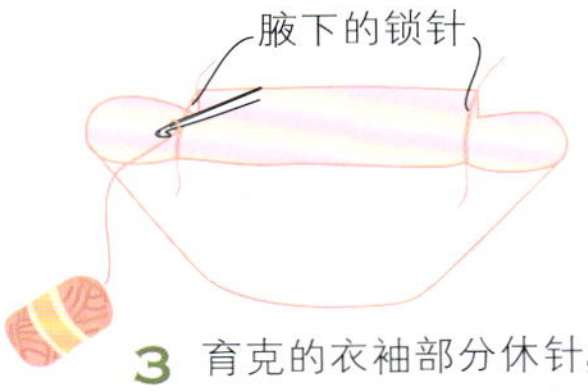

3 育克的衣袖部分休针，编织腋下的锁针。从育克和腋下的锁针挑针，编织身片。

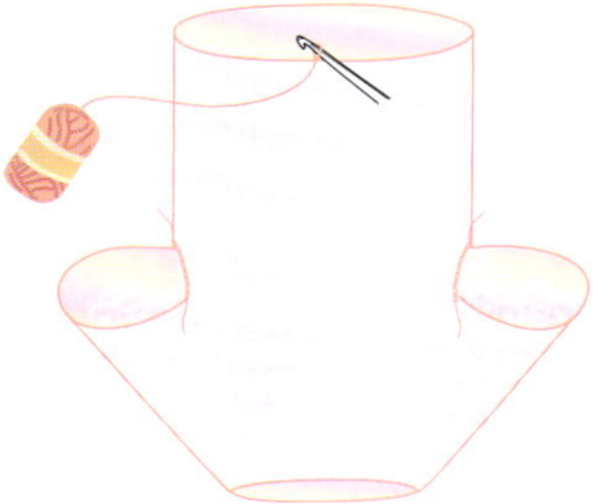

4 将前、后身片连起来，编织至下摆。

5 从育克衣袖的休针部分、后身片的前后差、腋下挑针，分别编织左、右衣袖。

6 如果领口需要钩织边缘，最后要从起针的锁针处挑针进行编织整理。

关于编织密度

编织密度表示针目的大小。

首先，按照作品的编织花样编织 15cm×15cm 左右的样片，测量针目的大小。如果是长针、短针等针目排列整齐的花样，只要测量 10cm×10cm 内有几针几行即可。网眼和扇形组合而成的花样，就要测量 1 个花样横向有几厘米。

如果试编样片的编织密度比作品说明中的大，则成品尺寸偏大；如果比作品说明中的小，则成品尺寸偏小。也就是说，10cm×10cm 内的针数、行数比作品说明中的多，则尺寸偏小；比作品说明中的少，则尺寸偏大。如果想制作成与书中作品相同的尺寸，可以使用细（粗）1 号的钩针调整编织密度。

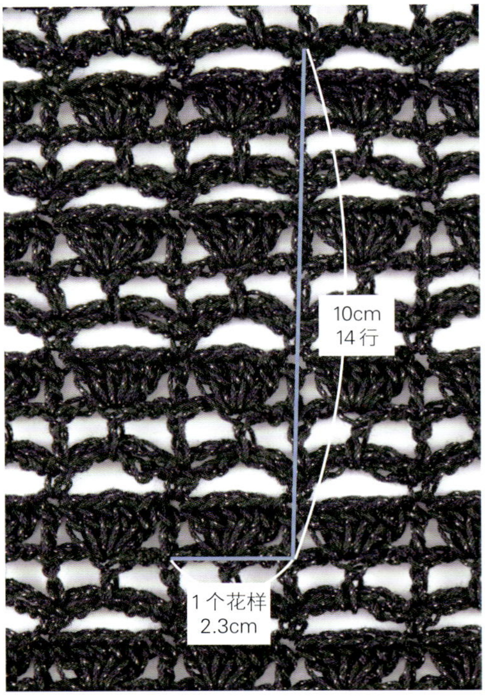

编织花样（身片、衣袖）

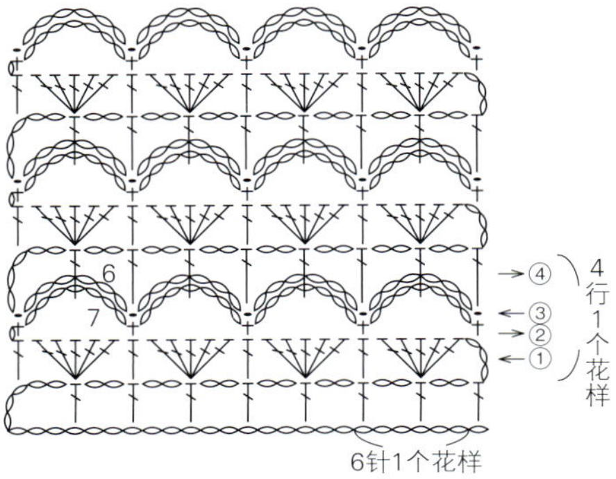

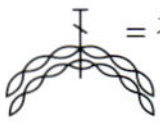
= 在上一行和上上一行的锁针处整段挑针钩织长针

育克的符号图

本作品需要翻转织物，环形往返编织。图中从左向右的箭头“→”表示看着反面编织的行，从右向左的箭头“←”表示看着正面编织的行，育克的第一行为反面，第二行为正面。①～⑱行是编织花样的变形，第①⑤⑬⑰行分散加针。重复图中▒部分加针。

育克的⑲～㉙行按照 p.14 的编织花样进行编织。

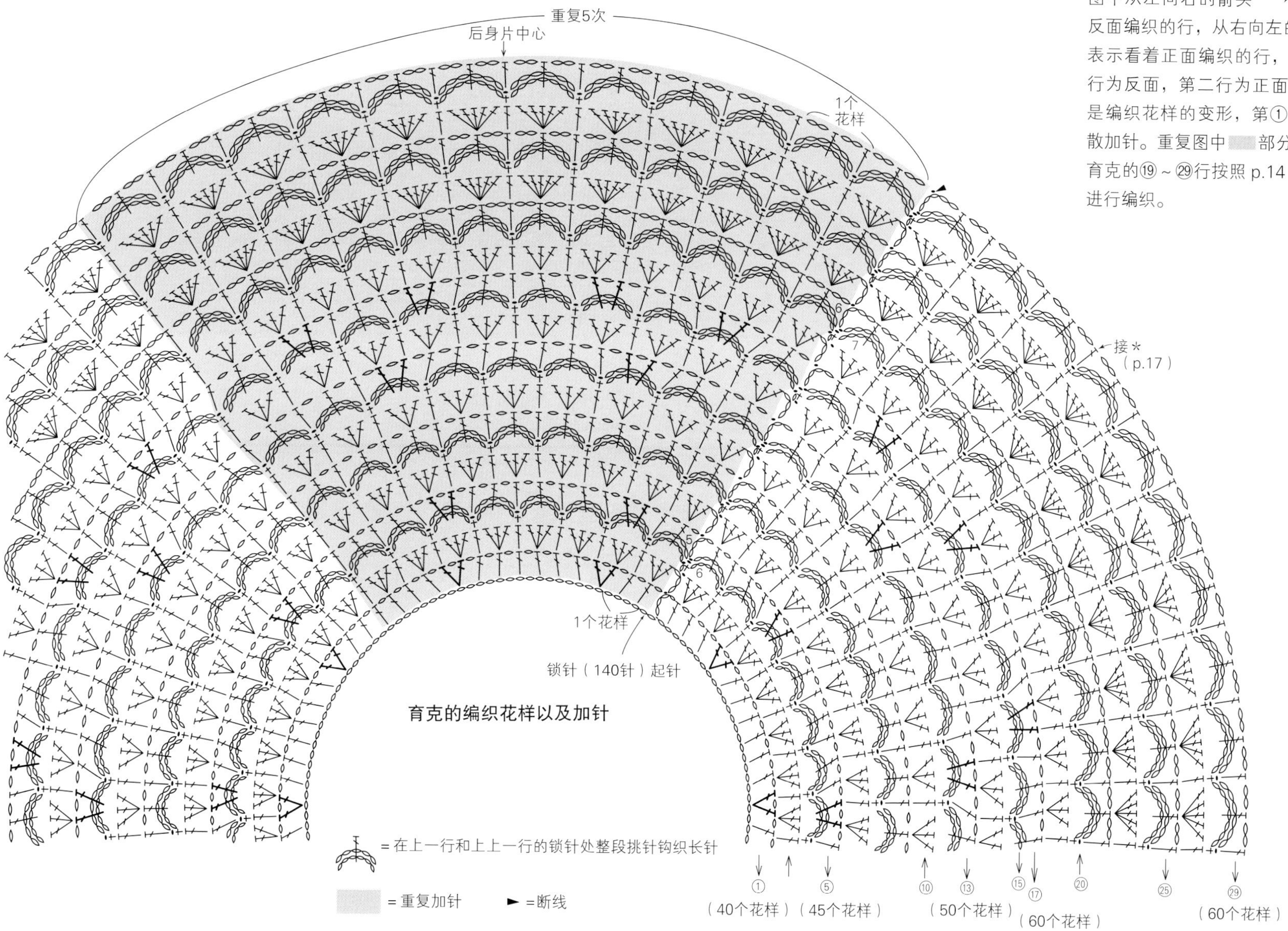

= 在上一行和上上一行的锁针处整段挑针钩织长针

▒ = 重复加针　　► = 断线

编织育克

育克指的是肩膀和胸部的衔接部分。参照p.15的符号图，领窝起针，然后编织育克。

起针

用作品使用的编织线钩织锁针，然后在编织起点的锁针处引拔连接成环形。
此时，锁针的里山要朝上，以避免起针行扭转。

起针的锁针以及挑针的方法

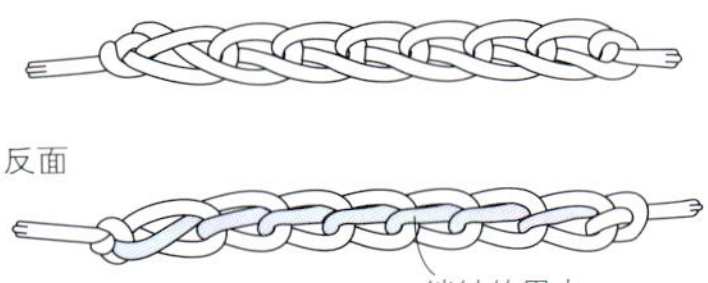

锁针分正反两面。

挑取锁针的里山

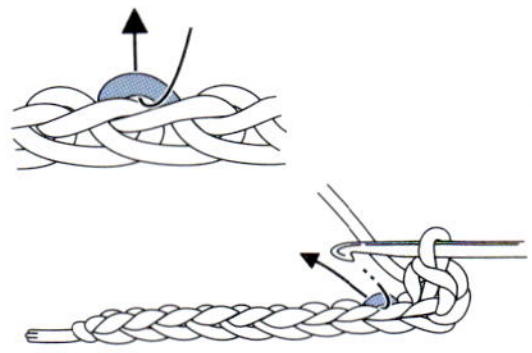

这是最常用的锁针挑针方法，能够保留锁针的正面，达到较好的编织效果。如果没有特殊说明，就使用该方法进行挑针。

挑取锁针的半针和里山

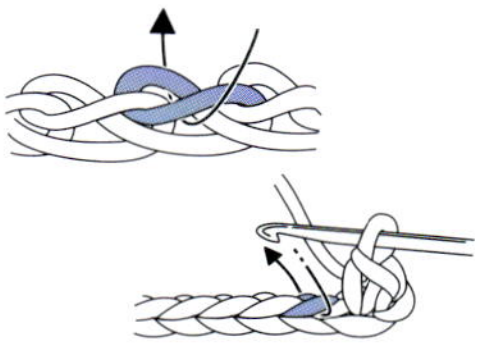

因为挑取锁针的两根线，所以很稳定。在编织镂空花样或者用细线编织时，使用该方法。

挑取锁针的半针

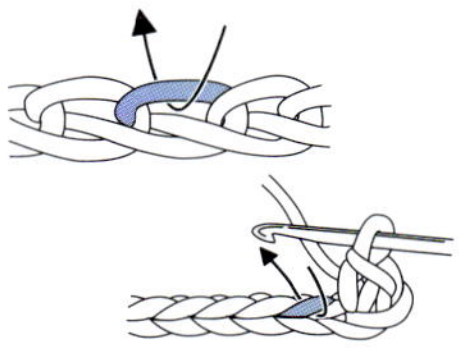

该挑针方法导致织物容易拉伸、不太稳定。当想让起针行能够伸缩，或者想从起针针目的两侧挑针时，使用该方法。

将起针针目连接成环形

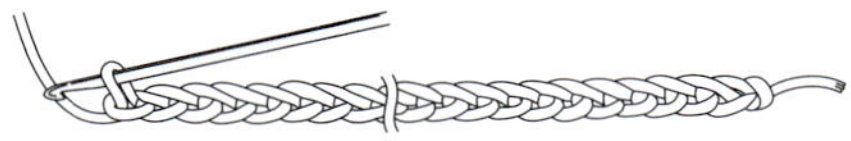

1 钩织所需数量的锁针。不需要编织领口边缘的作品，该锁针就是领口，所以请调整好针目的大小。

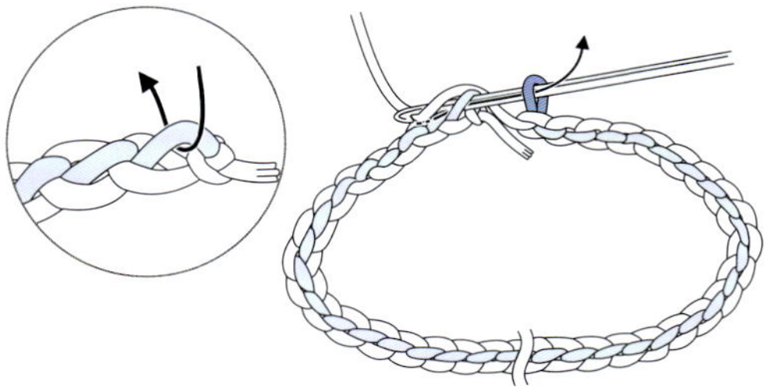

2 在第1针锁针的里山插入钩针并引拔。此时，注意锁针不要扭转。

育克的编织花样以及加针

挑取起针锁针的里山开始编织。育克分散加针，呈圆形向外编织。编织完成断线。

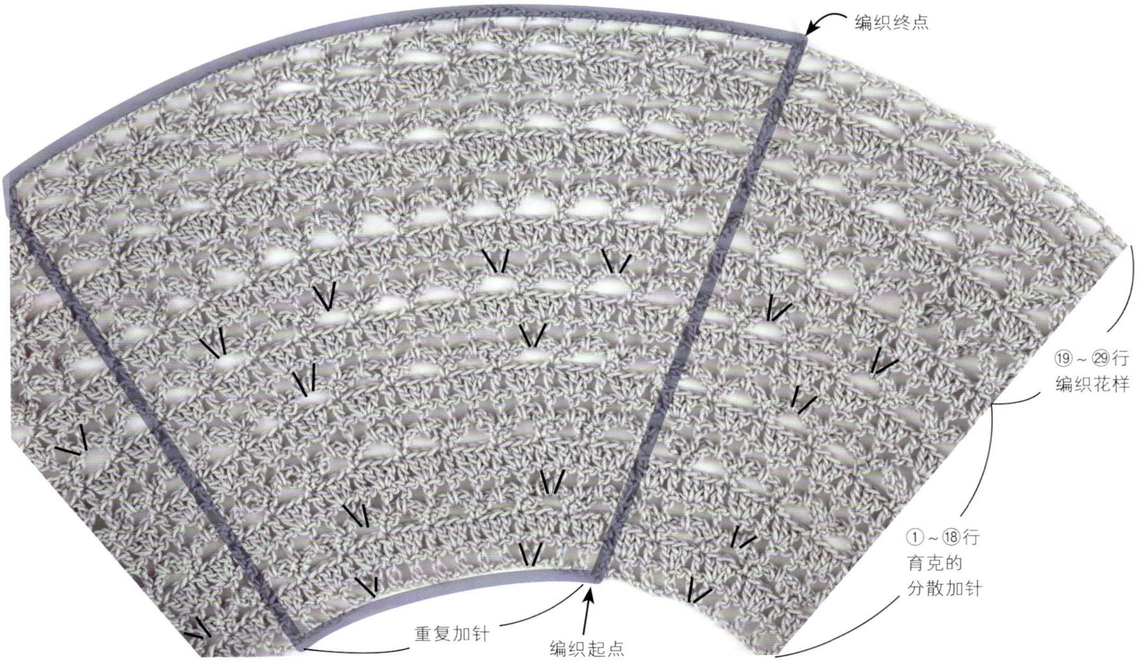

编织身片

育克的衣袖部分休针，接着育克编织身片。

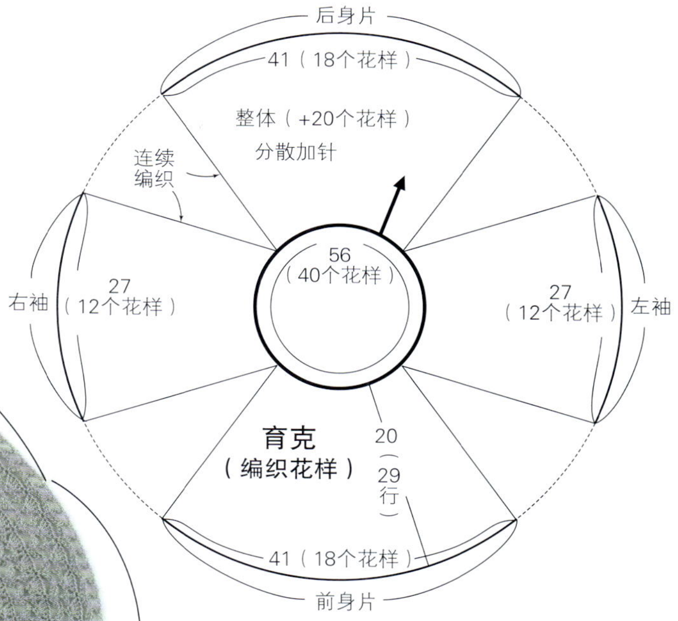

将育克分成身片和衣袖

参照编织图，对齐育克的后身片中心，将育克分成前身片、后身片、左袖和右袖，并用线做上标记。

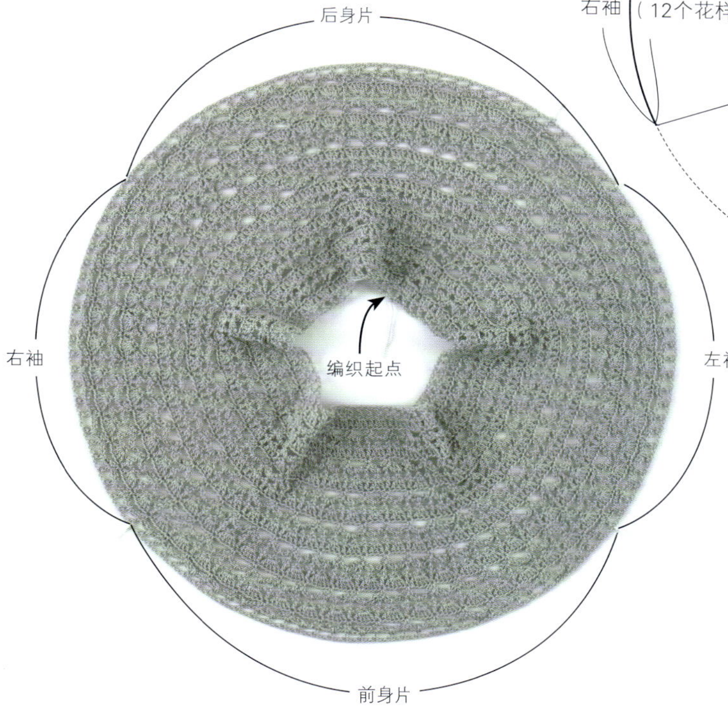

身片的符号图

关键在于后身片的前后差以及左右腋下的起针。连接前、后身片，环形往返编织到下摆。

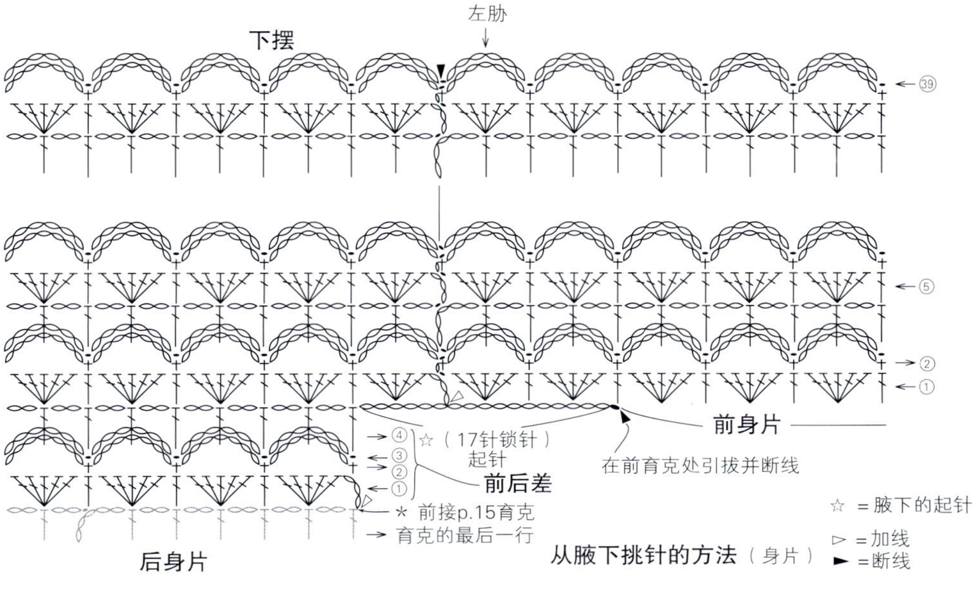

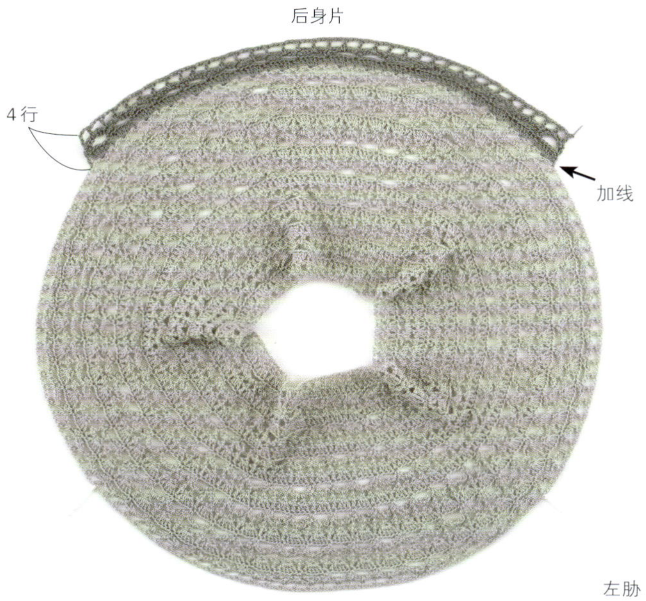

※为了便于理解，使用了与作品不同颜色的线

后身片的前后差

编织3cm左右的前后差。圆育克毛衣，后身片要编织得比前身片长，前领窝自然下落，使得衣服更合身，穿脱方便。

在后身片和左袖的交界处加入新线，平整编织18个花样、4行。编织结束后不要断线。

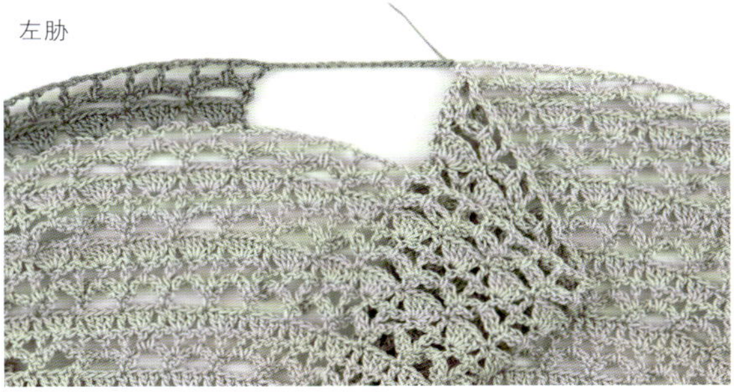

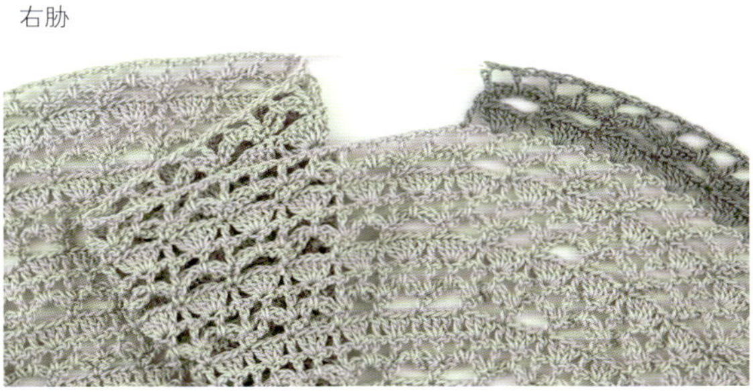

腋下

左腋下…在前后差编织终点继续钩17针锁针，在左袖与前身片的交界处引拔并断线。

右腋下…在右袖与前身片的交界处加线钩17针锁针，在前后差的第4行引拔并断线。

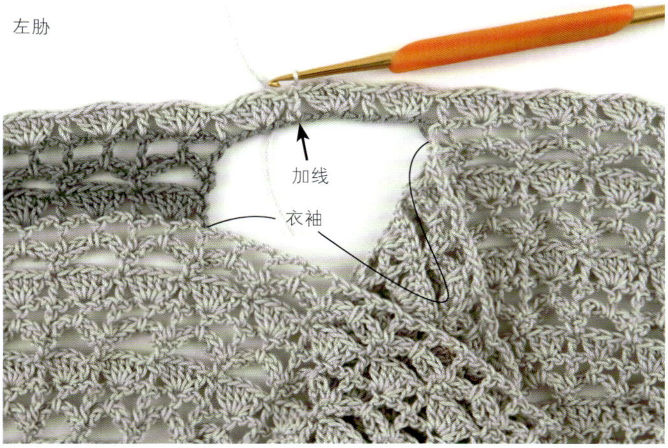

将前、后身片连起来编织

参照图示，在左腋下加线，将前、后身片连起来编织。腋下的锁针需挑取里山和半针2根线进行编织。

身片的第1行编织完成。衣袖处休针不编织。

衣袖的符号图

在靠近后身片的袖下加线，从腋下挑取3个花样，从育克挑取12个花样，从前后差上挑取1个花样。环形往返编织7行。

从腋下挑针的方法（左袖）

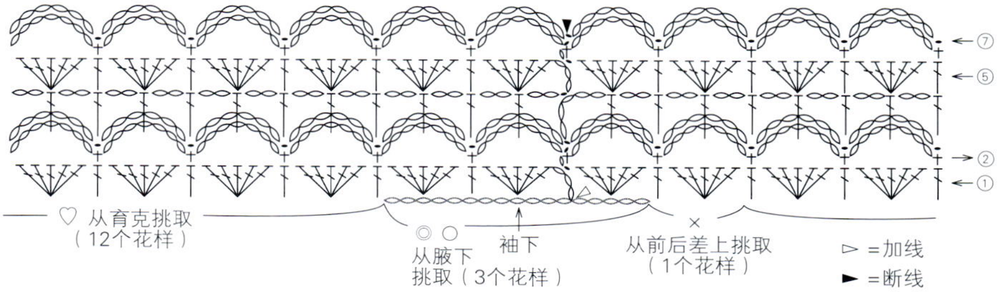

编织衣袖

在身片的胁部（袖下）加线，从腋下的锁针、前后差、育克处挑针，开始编织衣袖。腋下的锁针需挑取剩下的半针。

※为了便于理解，使用了与作品不同颜色的线

分别编织左、右衣袖

起立针的位置靠近后身片，加线编织第1行。环形往返编织7行。

左袖…从腋下挑取2个花样，从育克挑取12个花样，从前后差上挑取1个花样，从腋下挑取1个花样。

右袖…从腋下挑取1个花样，从前后差上挑取1个花样，从育克挑取12个花样，从腋下挑取2个花样。

左袖

右袖

简单的尺寸调整方法

从领口开始编织的毛衣的优点就是尺寸调整简单易行。
衣长和袖长（连肩袖长）自不必说，只要调整起针的针数，就连衣宽也能轻松改变。

通过改变编织密度来调整

保持与作品说明中相同的针数和行数，通过更换钩针和编织线，可以改变织物的尺寸。这就是"通过改变编织密度来调整"。

改变钩针的粗细

使用与作品相同的编织线，只需改变钩针的粗细进行编织，即可改变织物的尺寸。钩针变化1号，原来的密度大小就会变化5%左右。简单来说，如果想让织物整体增大或缩小，改变钩针的粗细是最佳选择。

※织物的大小（编织密度）会根据编织者编织时的松紧程度而变化。在开始编织之前，用打算使用的钩针试编样片测量编织密度。使用比指定钩针粗（细）太多的钩针，可能会影响织物的效果。若要更换，以指定钩针±2号为宜。

改变线材的粗细

使用比作品指定线材更粗（更细）的线，也可以改变织物的尺寸。此时，务必用打算编织的线试编样片测量编织密度，然后与作品的编织密度做对比，确认可以达到想要的尺寸后再开始编织。

女士尺寸表（cm）

标准尺寸	S	M	L
身高	150~155	154~160	158~164
胸围	78~82	82~86	86~90
肩宽	32~34	34~36	36~38
袖长	47~49	49~51	51~53

成品尺寸	S	M	L
胸围	92	96	100
连肩袖长（长袖）	67.5	69.5	71.5
衣长	51	53	55

※尺寸表仅供参考。本书中的作品是根据通用标准尺寸（M）设计的，但不同的设计款式，松紧程度也会有所不同，所以请根据具体作品进行调整

通过改变针数和行数来调整

使用与作品相同的线和钩针，通过改变衣宽和衣长等来调整织物大小。
在这种情况下，保持相同的编织密度进行编织是基本要求。

从肩部往下编织的织物

无斜肩、无领窝、无袖窿，就可以轻松地从肩部开始编织。因为原本就是宽松的版型，所以衣长和衣宽都很容易改变。请大家确认成品尺寸，并根据自己的喜好进行调整。

衣宽…保持身片中心的花样不变，在肩部左右两侧各按半个花样至1个花样（以花样为单位）进行增减，调整至想要的尺寸。领窝与作品一样编织。

衣长…编织至想要的长度。

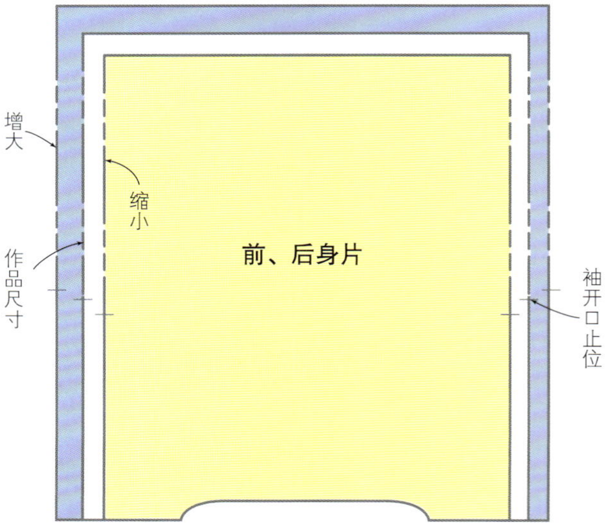

圆育克织物

育克从领窝开始均匀地扩大花样，然后环形编织直至胸部，其特点就是具有立体感以及优美的线条轮廓。增大育克的方法包括：规则地增加花样的个数，或者在保持花样数量不变的情况下逐渐增大单个花样。调整尺寸时，育克保持作品的尺寸不变，通过调整身片的腋下针数来调整衣宽。

育克…与作品一样编织。

衣宽…前后差也编织与作品相同的行数，通过调整腋下的针数，达到想要的胸围尺寸。此时，袖宽随着衣宽的变化自然调整。

衣长、袖长…编织至想要的长度。

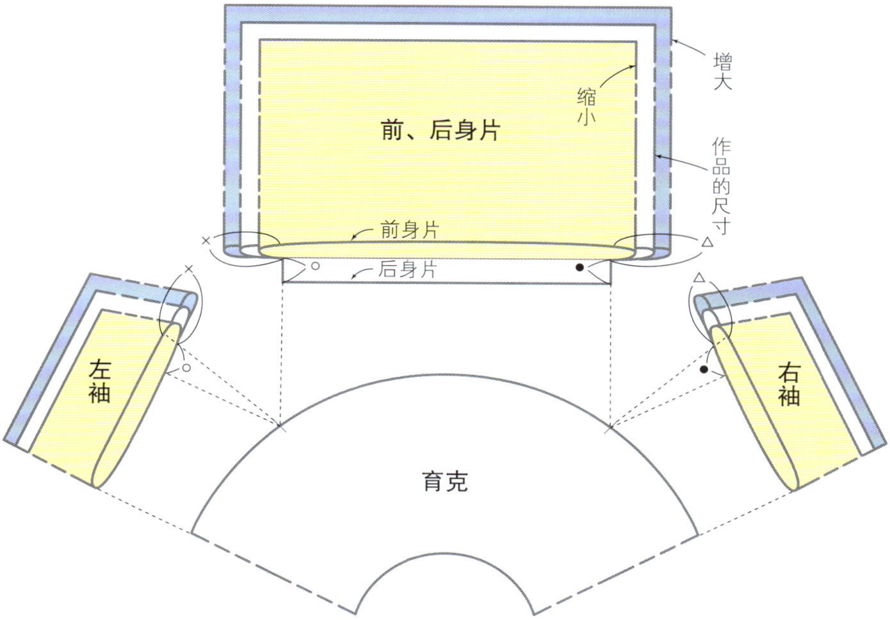

插肩袖织物

在4处插肩线位置（育克的衣袖部分与身片部分交界处）加针，将育克按照方形向外编织。倾斜的拼接线从领窝延伸至肋部，肩部和衣袖成为一体。此种设计被称为插肩袖款式，因便于活动，作为运动服装很受欢迎。育克的加针比较规则，因此可以根据育克的长度调整衣宽。

育克…按照作品要领编织，直至达到想要的衣宽。如若想要编织得比作品尺寸更大，则可在插肩线加针的同时增加育克的长度；如若想要编织得比作品尺寸更小，则可在达到想要的尺寸时停止编织。

衣宽…前后差以及腋下与作品一样编织。

衣长、袖长…编织至想要的长度。

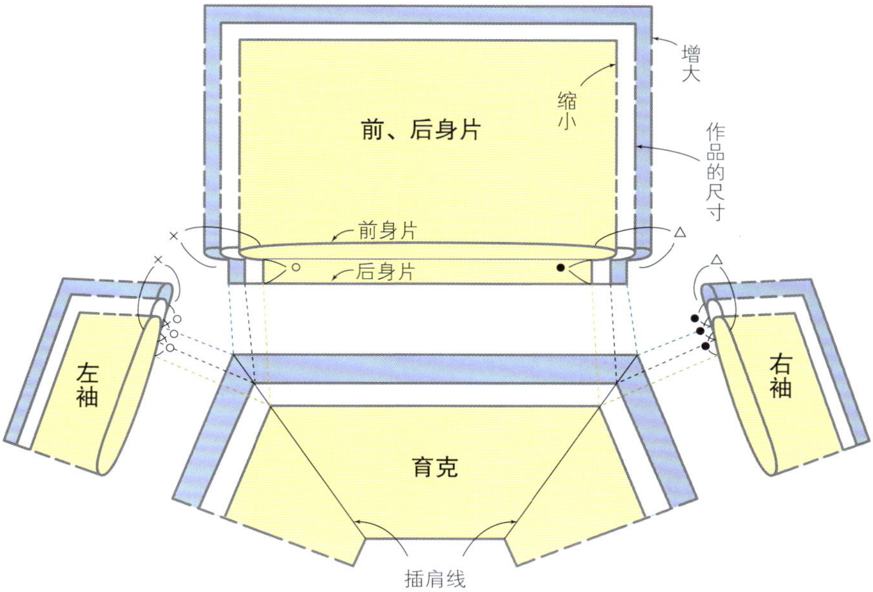

07 这是一款优雅的半袖毛衣，领窝起针，育克使用3种花样向外延伸，如同拼接一般，样式新颖。采用亲肤性好、柔软的米色线编织。衣领、下摆、袖口边缘编织的小小的圆粒状花样非常可爱。

用线　和麻纳卡 Wash Cotton Crochet
设计　镰田惠美子
制作　饭塚静代
编织方法　p.62

08

这是一件中长款套头衫，采用与第22页毛衣相同的育克设计。肩头和下摆利用编织花样本身的形状，形成扇形花边。使用灰蓝色线，看上去更凉快，尽显成熟的女性魅力。

用线　和麻纳卡 Washable Linen
设计　镰田惠美子
制作　饭塚静代
编织方法　p.65

不挑身材，穿着舒适，衣服垂顺，给人优雅之感。

09

这是一款简单的套头衫，采用极具时尚感的宽松版型。首先编织前身片，将肩部和领窝连接起来起针，一直编织到袖开口止位。后身片在颈肩点加线，钩织衣领开口处的锁针，按与前身片同样的方法编织至袖开口止位。从肋部开始将前、后身片连起来，环形往返编织。

用线　和麻纳卡 Wash Cotton Crochet Lame
设计　冈 真理子
制作　小泽智子
编织方法　p.69

10

这是一款橘色系无袖套头衫，光滑轻柔，清凉透气。方形版型加上梯形领口，简洁中带有一丝柔和。使用3卷长针和长长针编织花样，很快就能完成。

用线　和麻纳卡 春夏秋冬
设计　和麻纳卡企划
编织方法　p.74

11 这是第26页套头衫的改编版本，采用了蓝色系的混色线，充满神秘感。内搭亮色系衣物可打造清爽感，搭配深色系时尚衣物则尽显帅气，非常百搭。

用线　和麻纳卡 春夏秋冬
设计　和麻纳卡企划
编织方法　p.74

小三角形排列形成了几何蕾丝花样。插肩线上点缀有狗牙针。

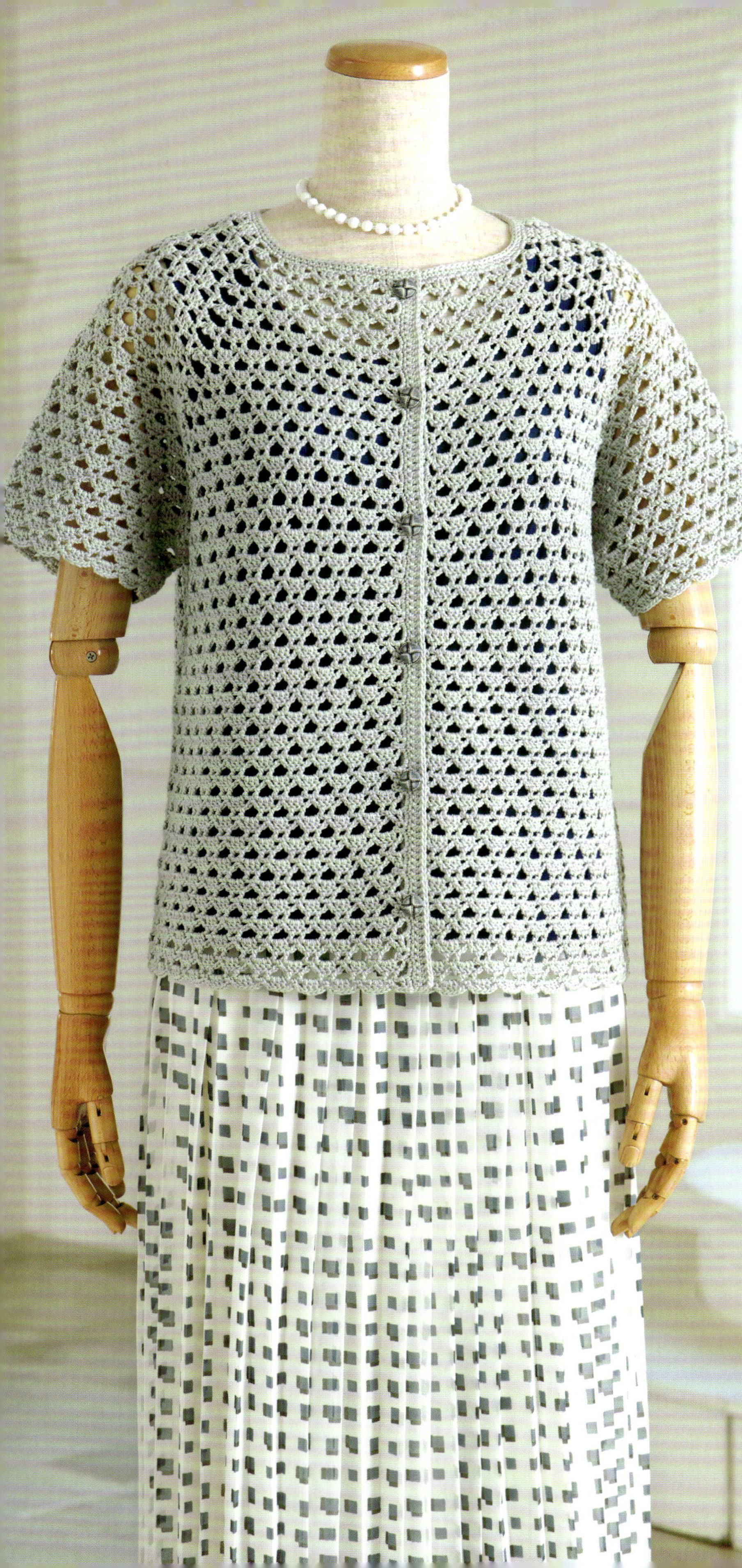

12

这是一款优雅的插肩袖开衫，采用有适度光泽感的银灰色线。可以扣上纽扣来穿，也可以不扣纽扣穿。大家选择适合自己的风格进行穿搭吧。

用线　和麻纳卡 Wash Cotton
设计　奥住玲子
编织方法　p.75

13

这是一款喇叭袖套头衫，灰粉色不会显得过于甜美。曲线两条一组蜿蜒曲折，形成优美的立涌纹（一种水纹，表示水蒸气摇曳上升的样子）。选择稍微粗一点的棉线，一边享受花样的变化一边愉快地编织吧。

用线　和麻纳卡 Wash Cotton
设计　今井泰子
编织方法　p.79

14 这是一件短款套头衫，育克的花样设计非常时尚。采用了在身片和衣袖之间加针的插肩袖设计。拉针形成的线条，将育克的格子花样与身片的立涌纹连接了起来。

用线　和麻纳卡 Wash Cotton
设计　今井泰子
编织方法　p.82

15

这是一款可单穿的、花样细密的夏衫。领口较小，在身片和衣袖之间加针。育克、下摆、袖口编织短针的拉针，形成具有立体感的波浪形花样，十分华丽。

用线　和麻纳卡 Wash Cotton Crochet
设计　河合真弓
制作　松本良子
编织方法　p.86

舒缓的波浪形花样与简洁的贝壳花样，形成了恰到好处的平衡，妙不可言。

16

这是一款夏季背心，其设计亮点是胁部的大胆开叉。从前身片的肩部开始编织，直至下摆。后身片从前肩部挑针，同样一直编织至下摆。环形编织袖口，连接到胁部。编织方法非常简单，成品效果却很好。

用线　和麻纳卡 弥生
设计　风工房
编织方法　p.92

17

这是一款一字领无袖套头衫，设计简单，穿着舒适。低调的黑色和灰色条纹搭配，略带亚光，现代感十足。既可以搭配休闲裤，也适合优雅风穿搭。

用线　和麻纳卡 春夏秋冬

设计　风工房

编织方法　p.93

育克花样的走向自然、美观。需要注意，网状编织的锁针大小要统一。

18

这是一款通透舒适的短袖套头衫，
用细腻柔和的亚麻线编织而成。
华丽的菠萝花样像积木一样排列，
更显柔和。既可以外穿，也可以
作为内搭，搭配外套。

用线　和麻纳卡 Washable Linen
设计　奥住玲子
编织方法　p.96

19

这是一款形似斗篷的套头衫，育克和衣袖连为一体，能很好地遮掩肩膀和大臂。添加了和纸纤维的编织线，色彩鲜艳，让人感受到明快的气息。干爽的触感令人身心愉悦。

用线　和麻纳卡 弥生
设计　冈本启子
制作　宫本宽子
编织方法　p.99

20

这是用亚麻线编织而成的第38页套头衫的同款。采用最能体现蕾丝编织之美的白色线，使得连接郁金香花样的方眼针更清晰。搭配简约的下装也能营造出华丽的氛围。

用线　和麻纳卡 Washable Linen
设计　冈本启子
制作　宫本宽子
编织方法　p.99

使用线材一览

实物同等粗细

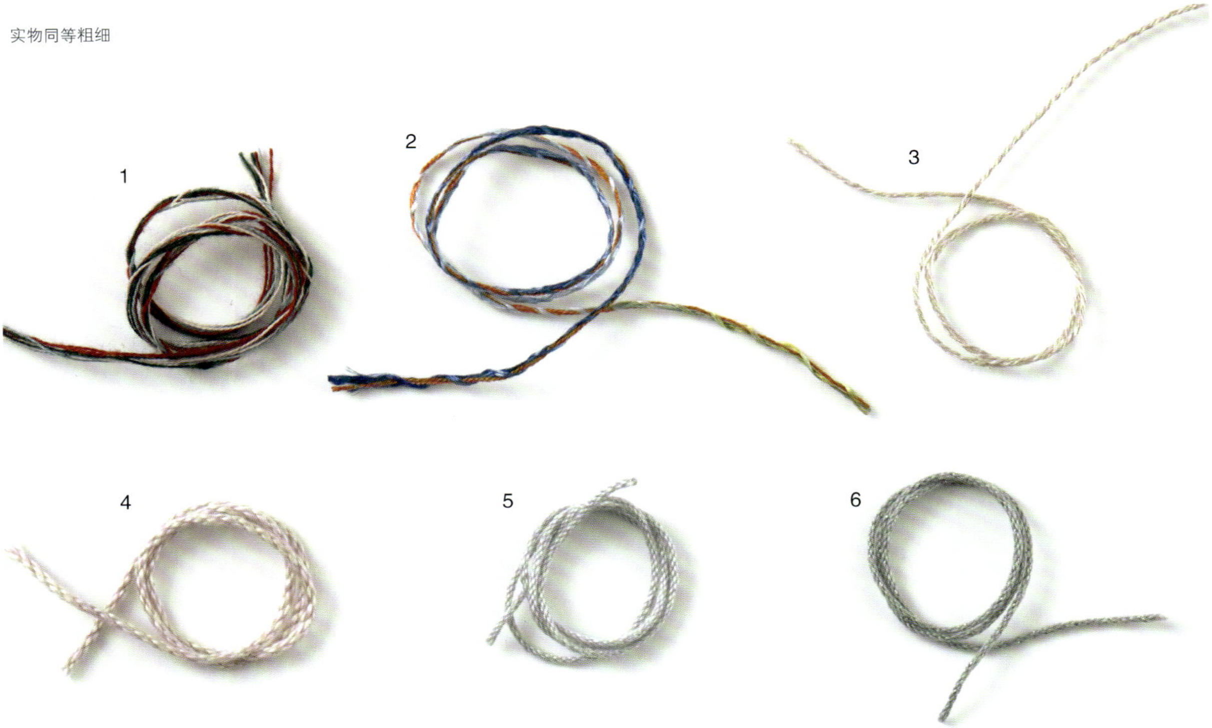

	线名	成分	规格	线的粗细	适用钩针	标准长针编织密度
1	春夏秋冬	棉 50%　腈纶 50%	25g/ 约 100m	中粗	5/0 号	21 针、10 行
2	弥生	棉 48% 腈纶 36% 其他纤维（和纸）16%	25g/ 约 110m	中粗	4/0 号	26 针、10 行
3	Washable Linen	亚麻 100%	25g/ 约 100m	中细	3/0 号	28 针、10.5 行
4	Wash Cotton	棉 64% 聚酯纤维 36%	40g/ 约 102m	中粗	4/0 号	22 针、10.5 行
5	Wash Cotton Crochet	棉 64% 聚酯纤维 36%	25g/ 约 104m	中细	3/0 号	28 针、12 行
6	Wash Cotton Crochet Lame	棉 64% 聚酯纤维 36% （含有金线）	25g/ 约 96m	中细	3/0 号	28 针、12 行

●线的粗细只是比较笼统的表述，标准长针编织密度为厂家提供，仅供参考。

※ 线材的信息更新于 2024 年 2 月

作品的编织方法

- 编织图中表示长度未标注单位的数字均以厘米（cm）为单位。
- 本书中的作品基本都是以女士M码为模板说明的。
- 想要改变作品尺寸时，请参考第20页“简单的尺寸调整方法”，根据自己的体型以及喜好调整衣宽和衣长进行编织。
- 另外，线材的用量可以根据编织的松紧度估算。如果担心线材不够用，建议多准备一些。

图片… p.4

材料和工具

用线 和麻纳卡 春夏秋冬 红色、白色、绿色系（6）310g/13 团

钩针 5/0 号

附件 3 个直径 18mm 的纽扣

成品尺寸

胸围 110.5cm，衣长 50.5cm，连肩袖长 50cm

编织密度

10cm × 10cm 面积内：编织花样 24 针，9 行

编织要点

育克…领窝锁针起针，挑取锁针的半针和里山 2 根线，按编织花样编织。参照图示在插肩线和前领加针。

身片…在左右胁加入腋下的 10 针锁针，从育克和腋下挑针，将前、后身片连起来，按照编织花样编织 25 行。

衣袖…从育克和腋下挑针，参照图示一边在袖下减针，一边进行环形往返编织。接着环形编织袖口边缘。

组合…下摆、前门襟、衣领连续挑针，编织边缘。角部参照图示编织，在右前门襟留出扣眼，在左前门襟缝上纽扣。

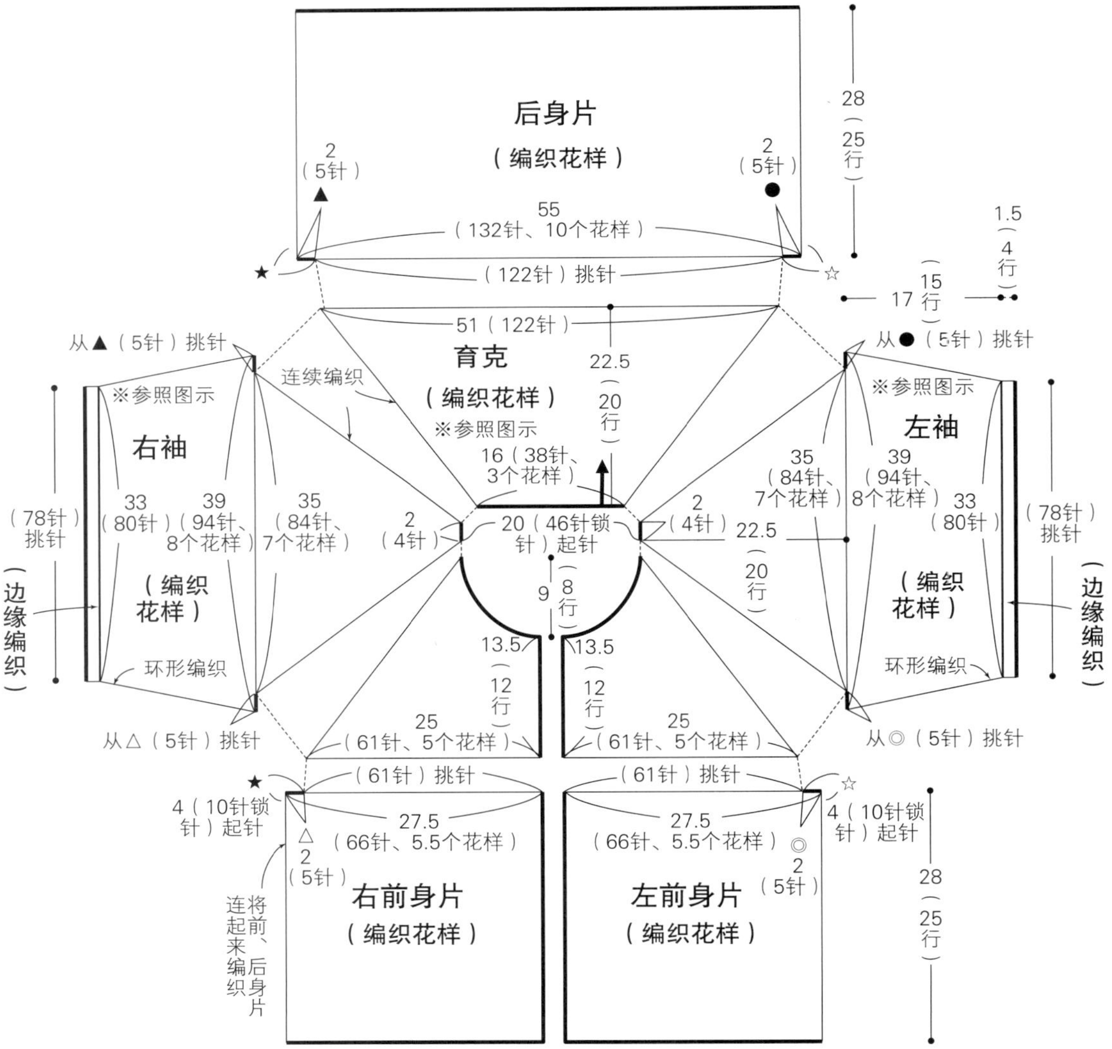

※全部使用5/0号钩针编织

编织花样

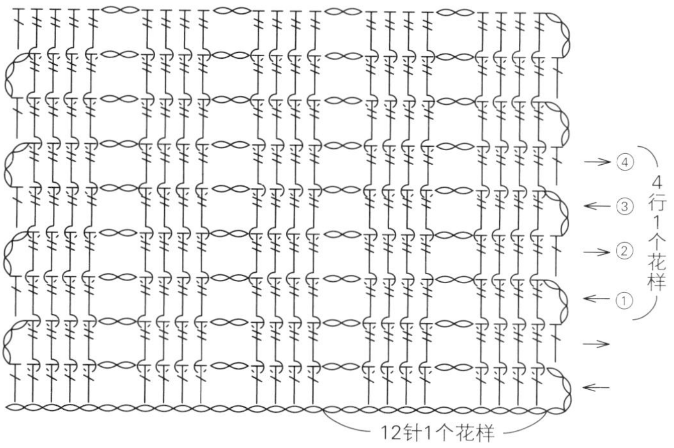

= 长长针的正拉针　　= 长长针的反拉针

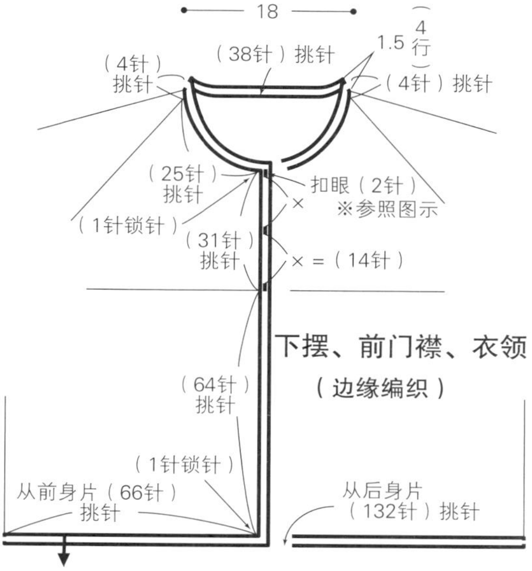

边缘编织

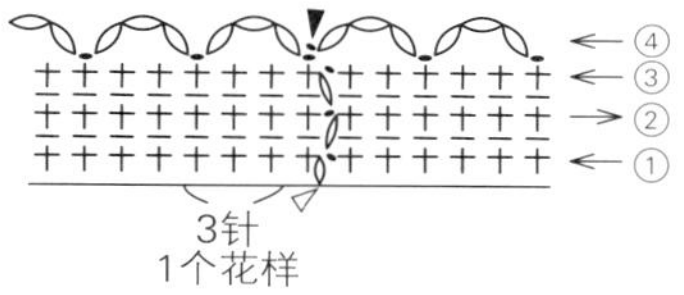

± ＝短针的条纹针

▷ ＝加线

► ＝断线

袖下的减针

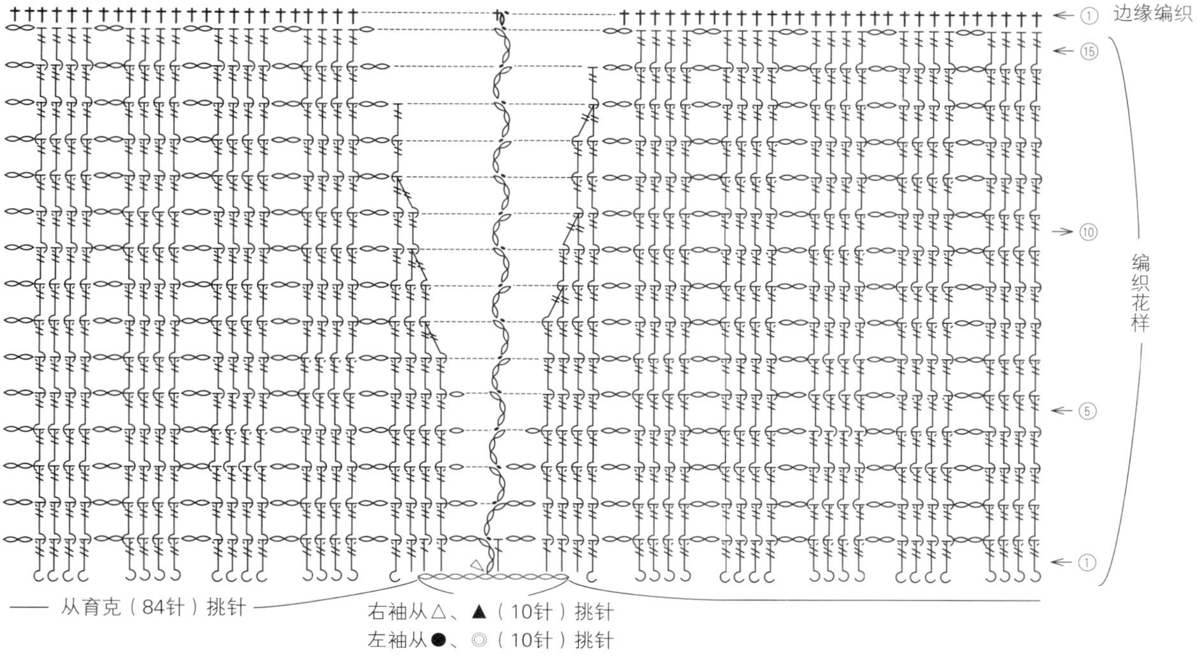

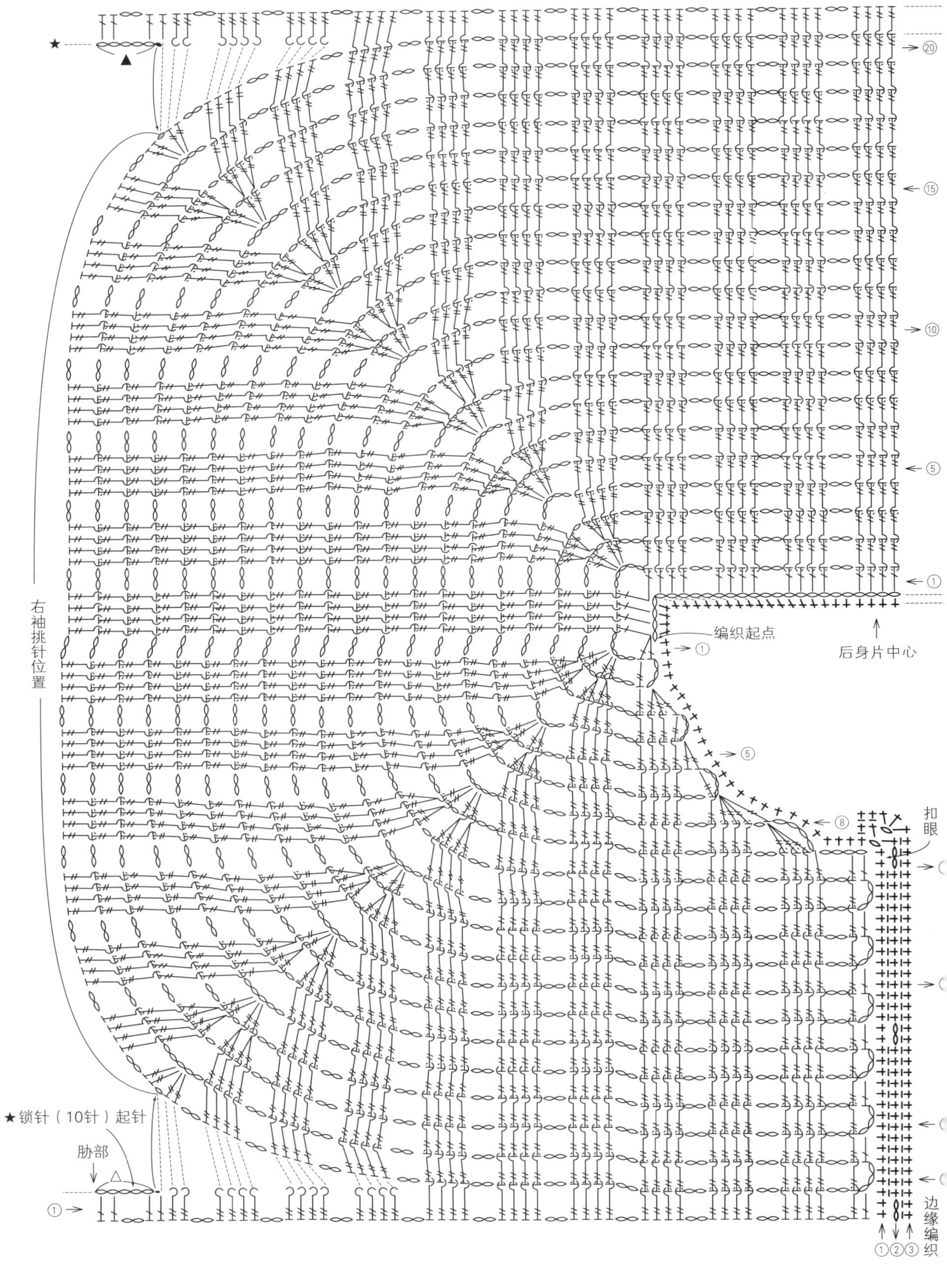
★
▲
⑳
⑮
⑩
⑤
①
编织起点
①
后身片中心
⑤
⑧
扣眼
右袖挑针位置
★锁针（10针）起针
胁部
△
①
边缘编织
①②③

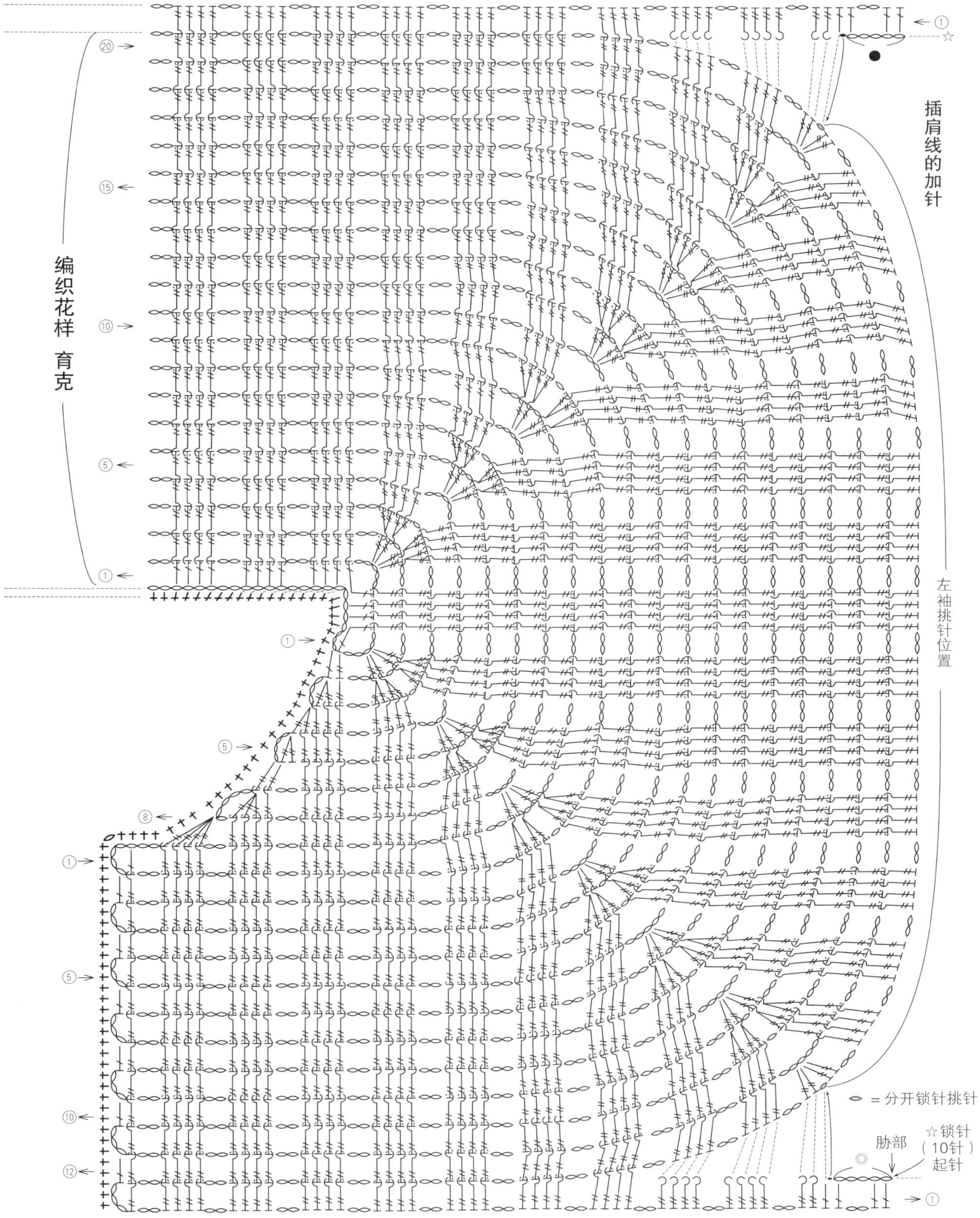

插肩线的加针
编织花样 育克
左袖挑针位置
= 分开锁针挑针
肋部
☆锁针（10针）起针

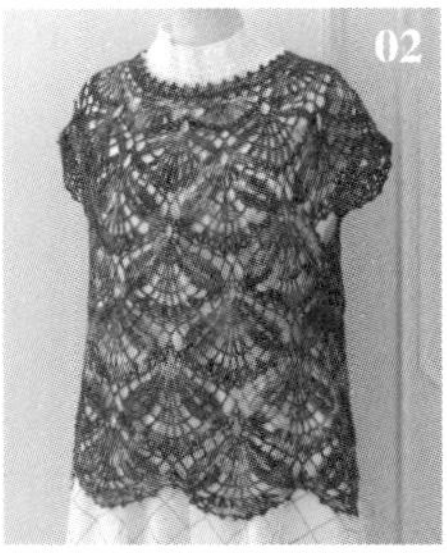

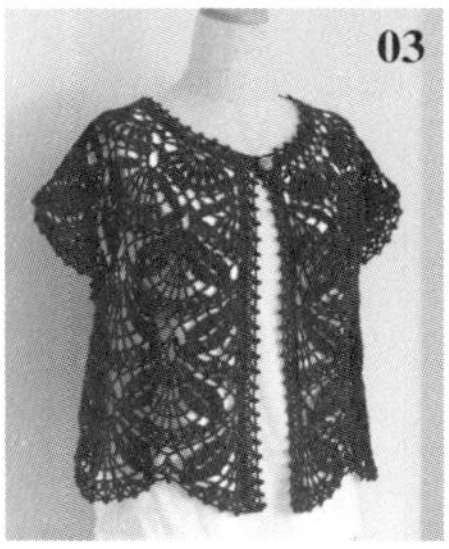

材料和工具

用线 和麻纳卡 **02**/ 弥生 茶色系（6）160g/7 团 **03**/Wash Cotton 藏青色（33）290g/8 团

钩针 4/0 号

附件 1 个直径 18mm 的纽扣

成品尺寸

02/ 胸围 104cm，衣长 51.5cm，连肩袖长 32.5cm

03/ 胸围 104cm，衣长 43.5cm，连肩袖长 32.5cm

编织密度

编织花样（身片侧）1 个花样 17cm，10cm 10 行

编织要点

育克…领窝锁针起针，挑取锁针的里山开始编织。参照图示按编织花样往返编织。参照图示加针。

身片…左右腋下各 19 针锁针起针，从育克和腋下挑针，将前、后身片连起来，按照编织花样编织。

袖口…在腋下的中间加线，环形编织边缘编织 A'。

组合…衣领从起针处挑针，往返编织边缘编织 B。从衣领和后身片侧边挑针，按照边缘编织 B 编织后门襟。在左后门襟上留出扣眼。缝上纽扣。

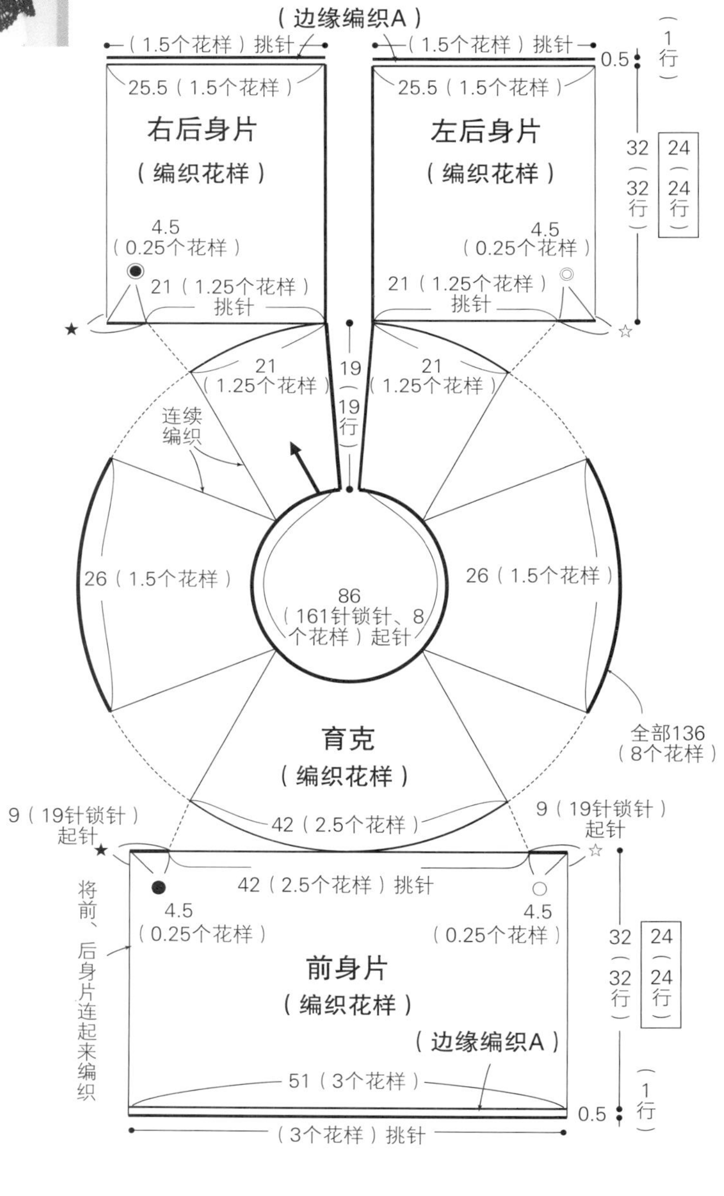

※全部使用4/0号钩针编织

※ □ 内的数字是**03**号作品的尺寸和行数，其他均为两个作品通用

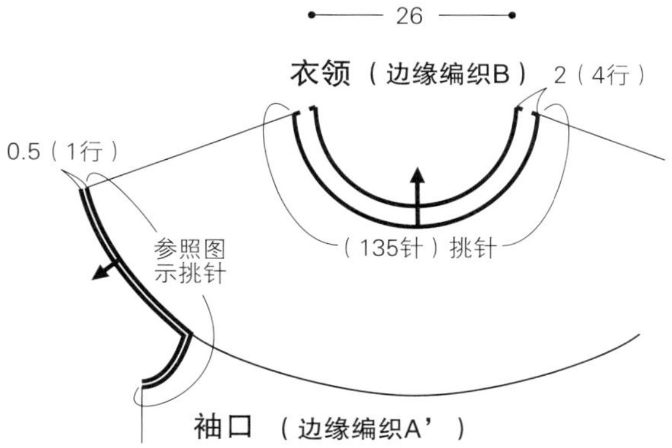

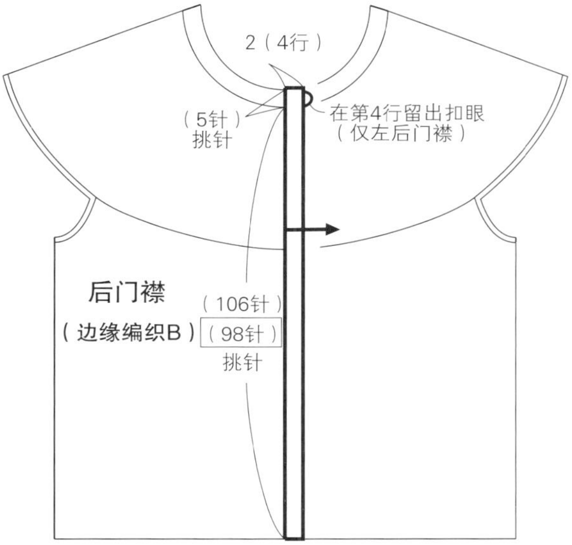

扣眼（左后门襟）

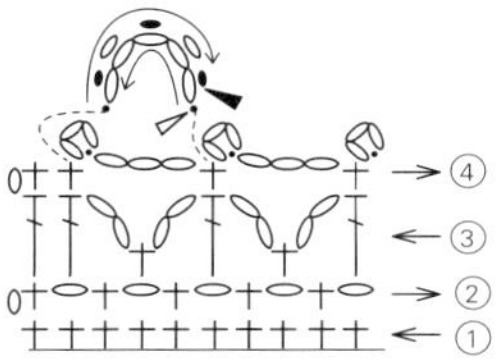

边缘编织B

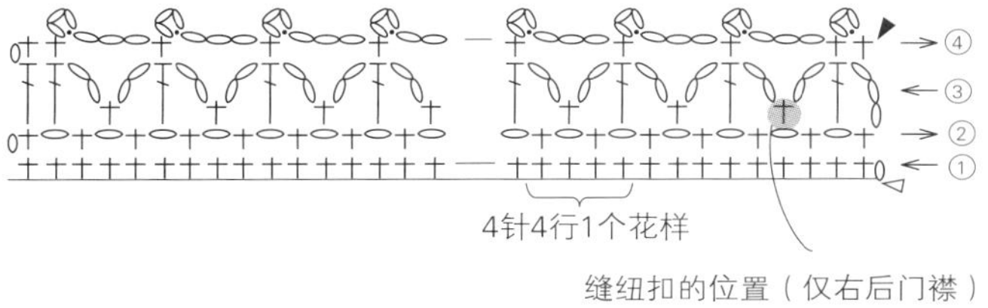

变化的3针长针的枣形针

※作品中为变化的4针长针并1针

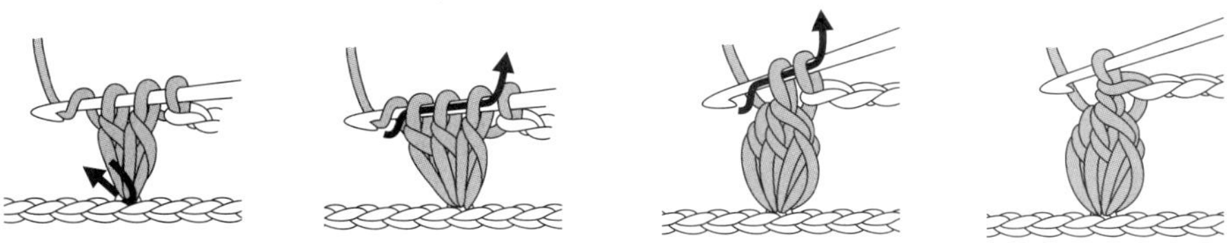

①从1针里钩3针未完成的长针。

②钩针挂线，一次性引拔穿过钩针上的3个线圈。

③钩针挂线，引拔穿过剩下的线圈。

④完成。

3针锁针的狗牙拉针

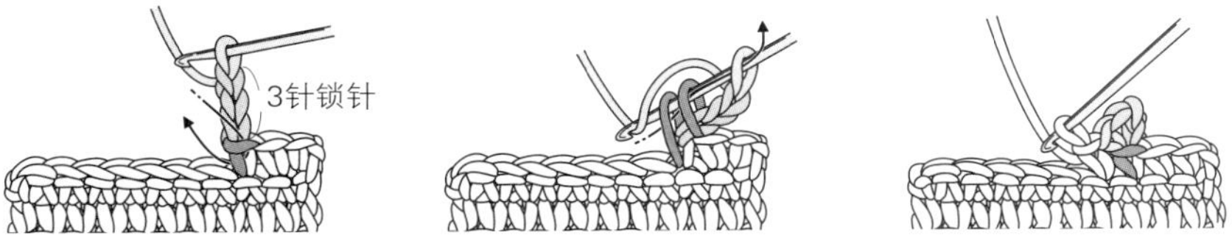

①钩3针锁针，钩针挑起短针头部的内侧半针和足部的1根线。

②钩针挂线，按照箭头所示引拔。

③钩织下一个短针。完成。

— = 改变编织方向的位置

⊕ = 按照狗牙拉针的要领钩织短针

▷ = 加线

► = 断线

⊕ = 长长针和短针的2针并1针

※按照狗牙拉针的要领将钩针插入⊕处钩织长长针

育克

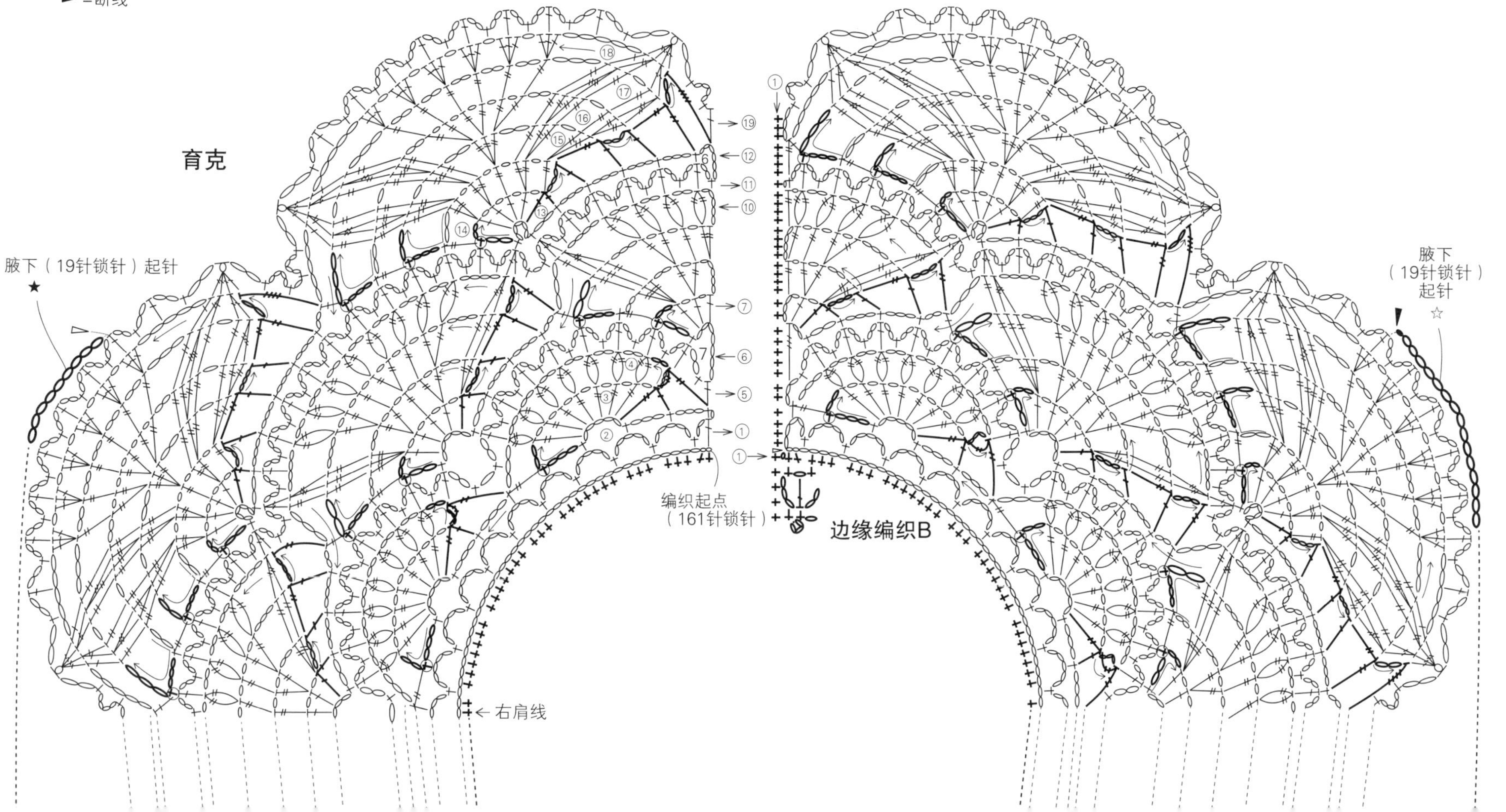

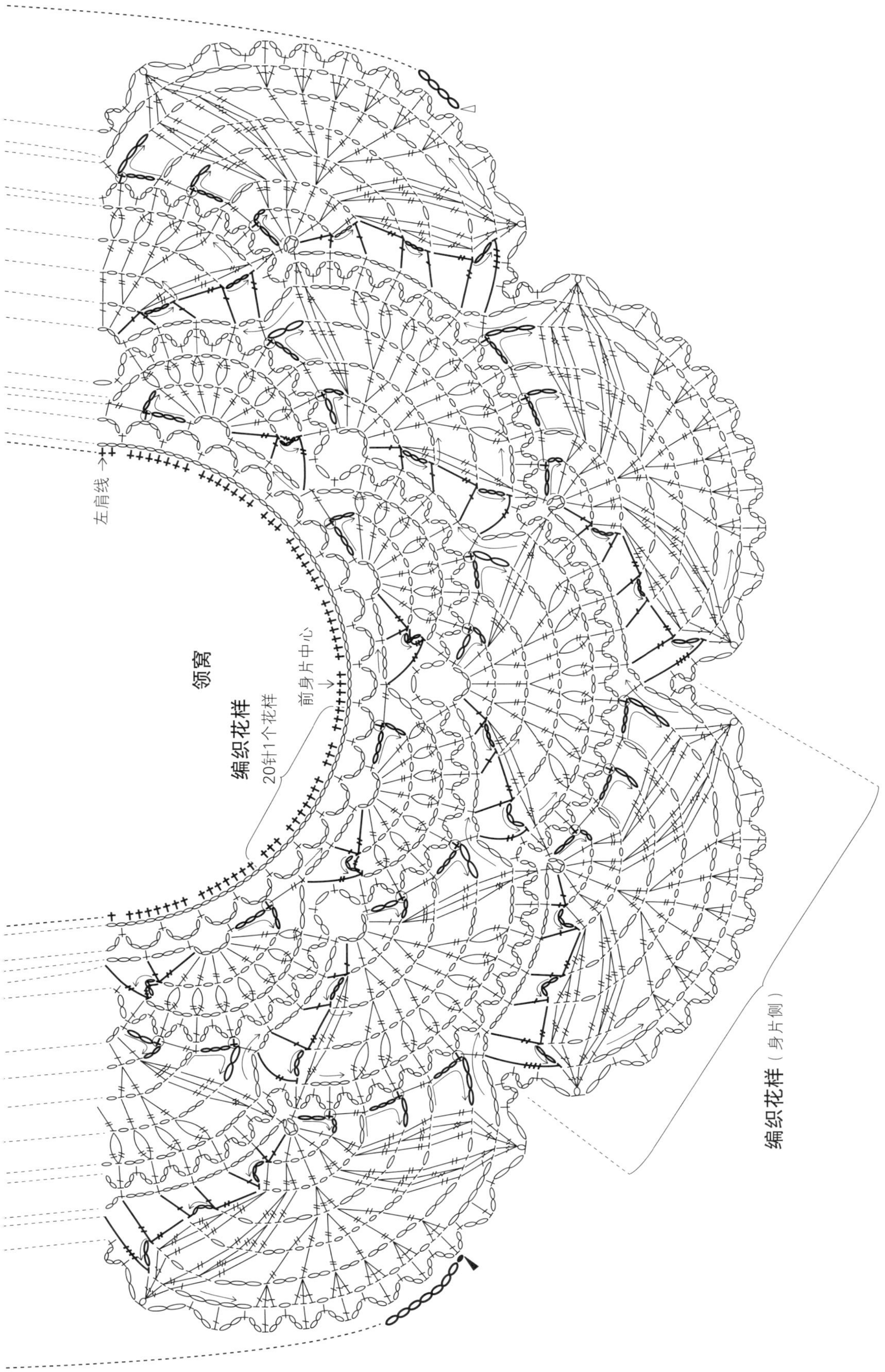
左肩线
领窝
编织花样
20针1个花样
前身片中心
编织花样（身片侧）

前、后身片

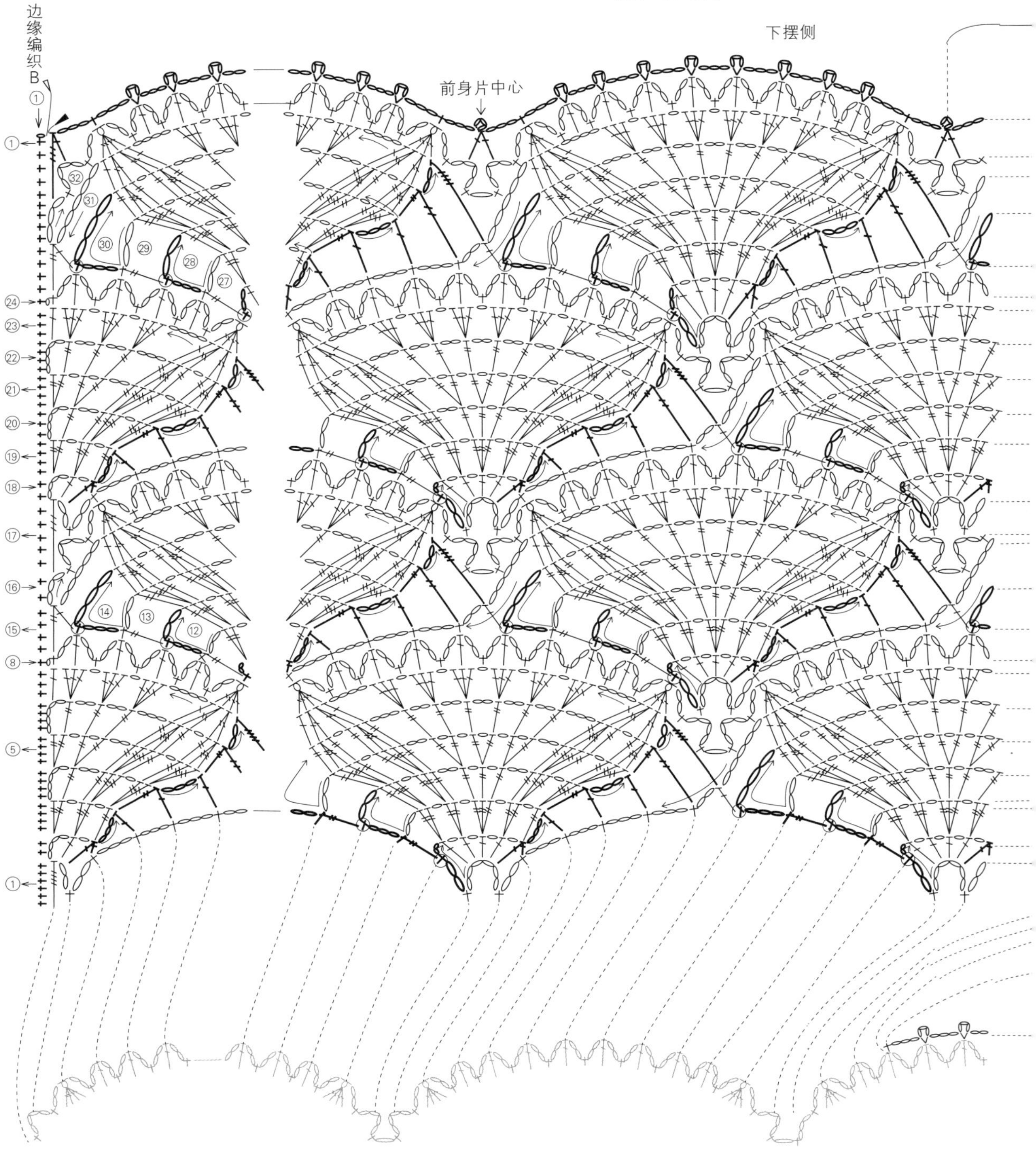

▷ =加线
► =断线

= 长长针和短针的2针并1针
※按照狗牙拉针的要领将钩针插入⊕处钩织长长针

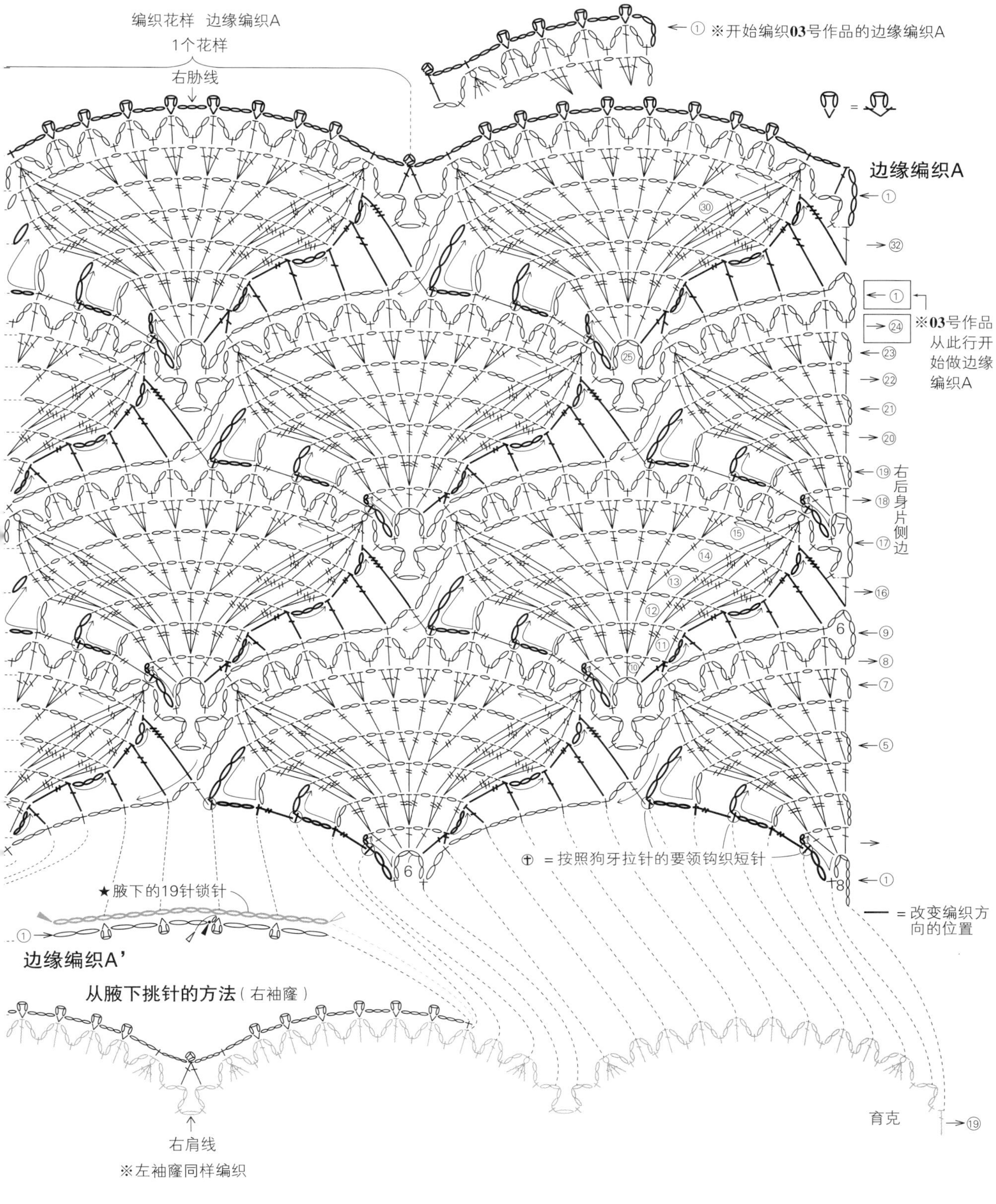
编织花样 边缘编织A
1个花样
右胁线
① ※开始编织03号作品的边缘编织A
边缘编织A
①
㉜
①
㉔
※03号作品从此行开始做边缘编织A
㉓
㉒
㉑
⑳
⑲
⑱
⑰
⑯
⑨
⑧
⑦
⑤
①
右后身片侧边
= 按照狗牙拉针的要领钩织短针
★腋下的19针锁针
= 改变编织方向的位置
边缘编织A'
从腋下挑针的方法（右袖窿）
右肩线
※左袖窿同样编织
育克
⑲

材料和工具

用线 和麻纳卡 Washable Linen 米色(3) 325g/13 团

钩针 3/0 号

附件 3 个直径 15mm 的纽扣

成品尺寸

胸围 103.5cm，衣长 52.5cm，连肩袖长 56.5cm

编织密度

编织花样 A 1 个花样 8cm，10cm11 行

编织花样 B 1 个花样 2.1cm，10cm17 行

编织要点

育克…领窝锁针起针，挑取锁针的里山开始编织。参照图示按编织花样 A 编织 18 行。

身片…将育克分为后身片、左前身片、右前身片、左袖、右袖 5 个部分。按照编织花样 B 编织后身片的前后差。从育克接着编织左前身片、左腋下（18 针锁针）、后身片、右腋下、右前身片。

衣袖…在腋下的中间加线，按照编织花样 B 环形往返编织 51 行。

组合…衣领从起针处挑针，编织 4 行短针。从前身片侧边和衣领处挑针，编织前门襟。在右前门襟留扣眼。在左前门襟缝上纽扣。

编织花样 B（身片）

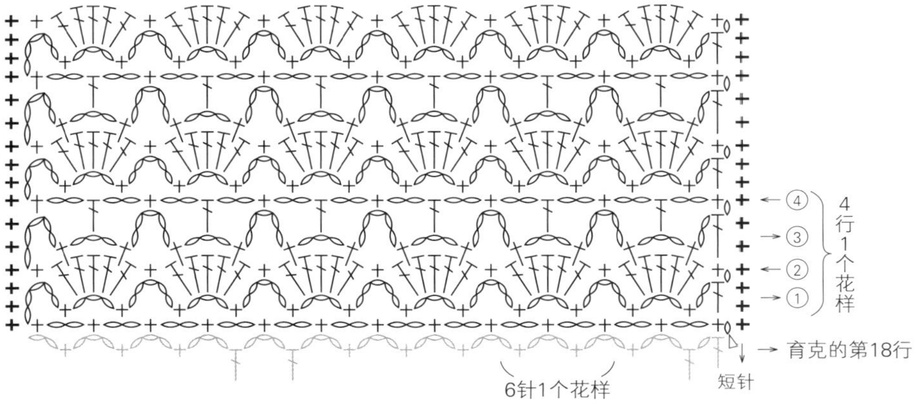

= 在上一行的长针和长针之间整段挑针钩织短针

▷ = 加线

► = 断线

左袖 编织花样B

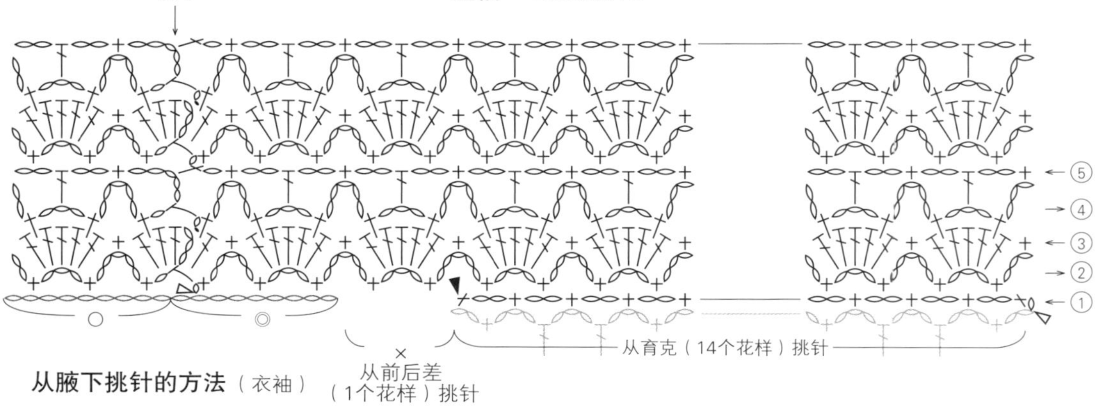

从腋下挑针的方法（衣袖）

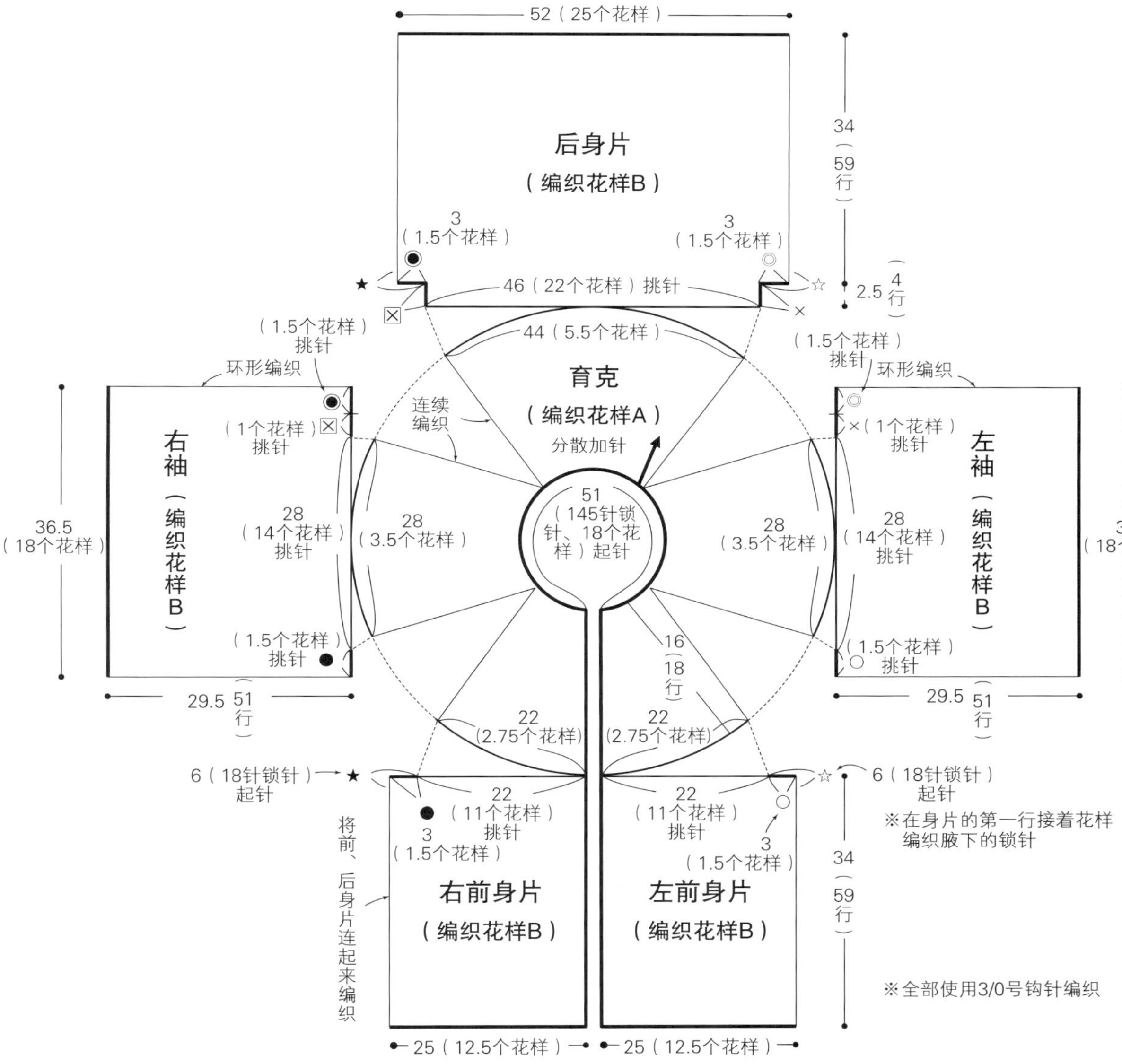

52（25个花样）
后身片
（编织花样B）
34（59行）
3（1.5个花样）
3（1.5个花样）
46（22个花样）挑针
2.5（4行）
44（5.5个花样）
（1.5个花样）挑针
环形编织
育克
（编织花样A）
分散加针
连续编织
（1个花样）挑针
×（1个花样）挑针
右袖（编织花样B）
左袖（编织花样B）
36.5（18个花样）
28（14个花样）挑针
28（3.5个花样）
51（145针锁针、18个花样）起针
16（18行）
（1.5个花样）挑针
29.5 51行
22（2.75个花样）
6（18针锁针）起针
22（11个花样）挑针
将前、后身片连起来编织
右前身片
（编织花样B）
左前身片
（编织花样B）
25（12.5个花样）
※在身片的第一行接着花样编织腋下的锁针
※全部使用3/0号钩针编织

育克的编织花样A以及加针

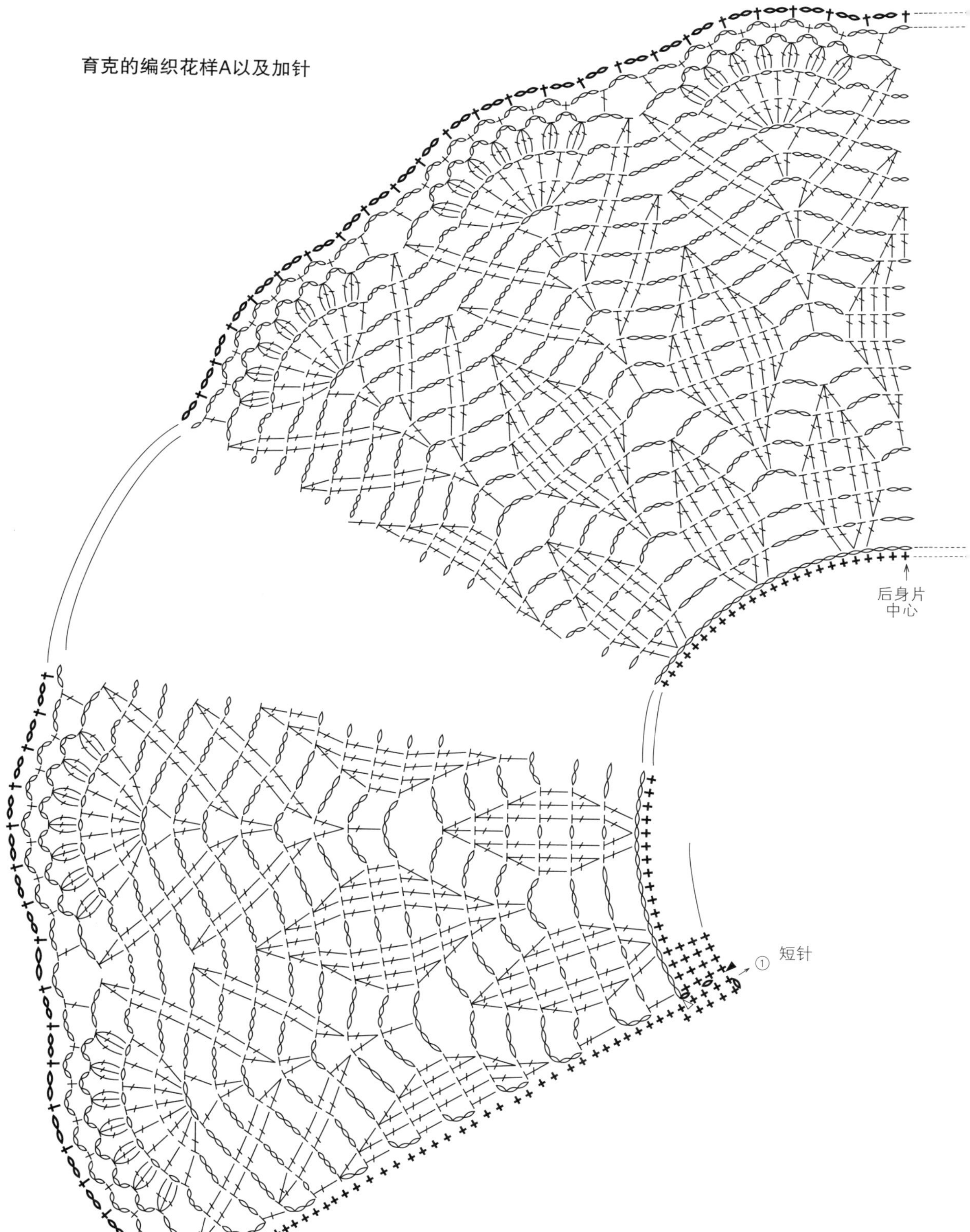

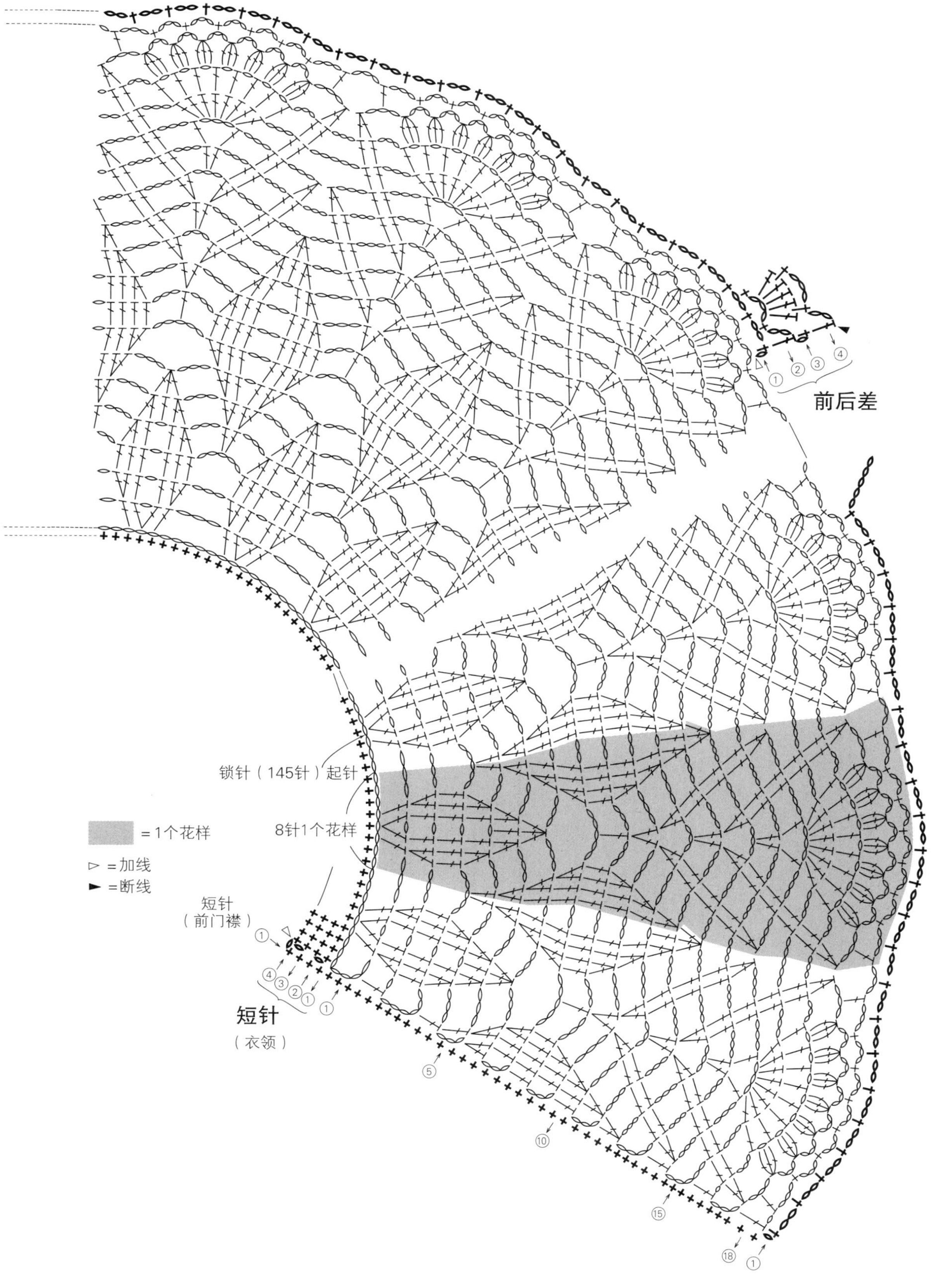
前后差
锁针（145针）起针
8针1个花样
=1个花样
▷ =加线
► =断线
短针
（前门襟）
短针
（衣领）
① ② ③ ④ ⑤ ⑩ ⑮ ⑱

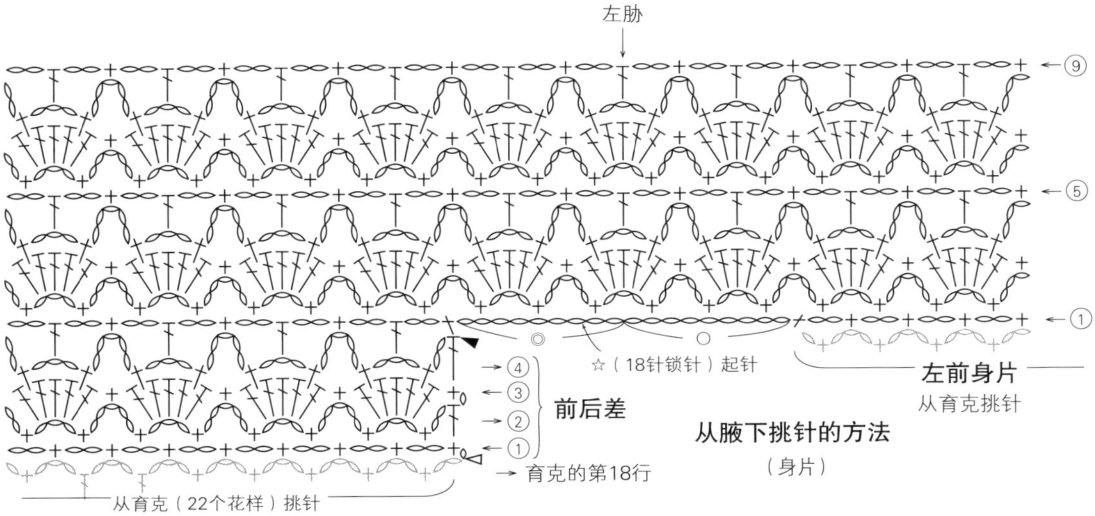

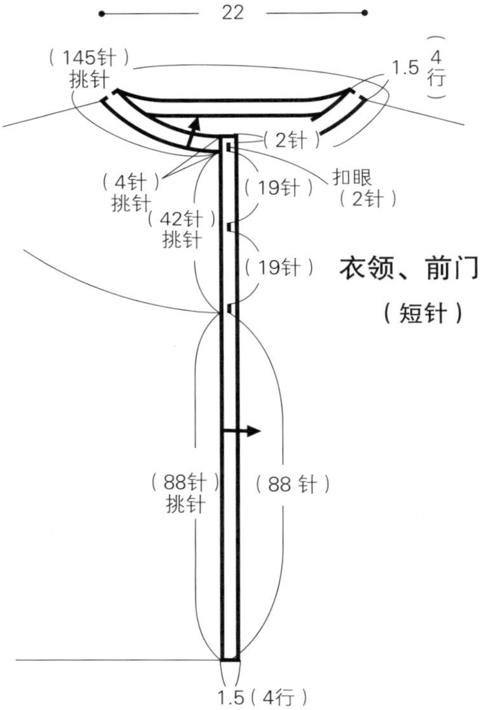

衣领、前门襟

（短针）

▷ =加线

► =断线

前门襟的短针以及扣眼 （右前门襟）

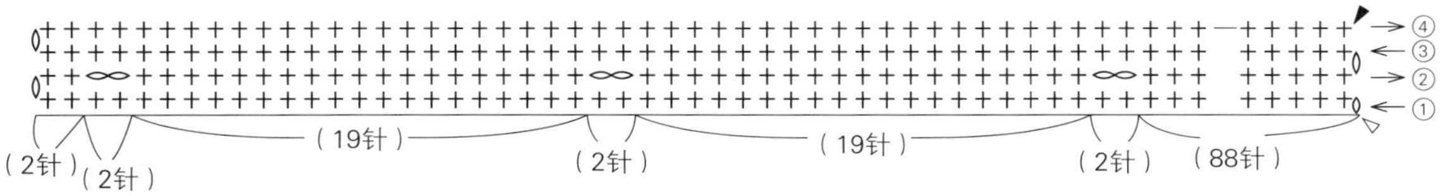

材料和工具

用线　和麻纳卡 Wash Cotton Crochet　白色（101）205g/9 团、浅灰色（132）80g/4 团

钩针　4/0 号

附件　3 个直径 13mm 的纽扣

成品尺寸

胸围 101cm，衣长 52cm，连肩袖长 58cm

编织密度

10cm×10cm 面积内：条纹花样　1 个花样 2.3cm，10cm 15 行

编织要点

育克…领窝锁针起针，挑取锁针的里山编织条纹花样，参照图示加针。

身片…将育克分为后身片、左前身片、右前身片、左袖、右袖 5 个部分。后身片的前后差按照条纹花样往返编织 4 行，接着编织左腋下的锁针，在左前育克处引拔、断线。接着编织右腋下。从育克、腋下挑针将前、后身片连起来编织。

衣袖…在腋下的中间加线，按照条纹花样不加减针编织。

组合…在左前门襟缝上纽扣。

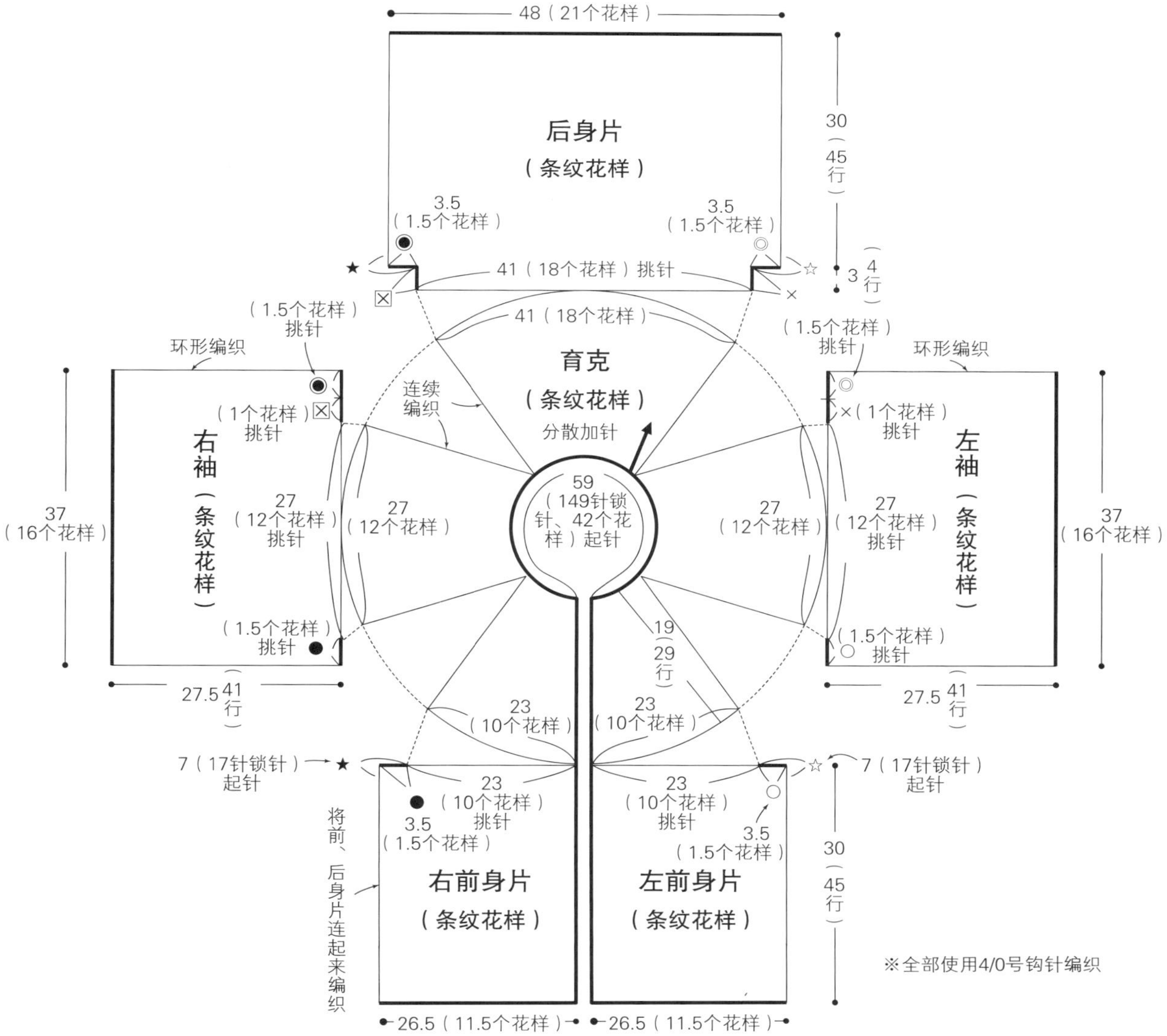

※全部使用4/0号钩针编织

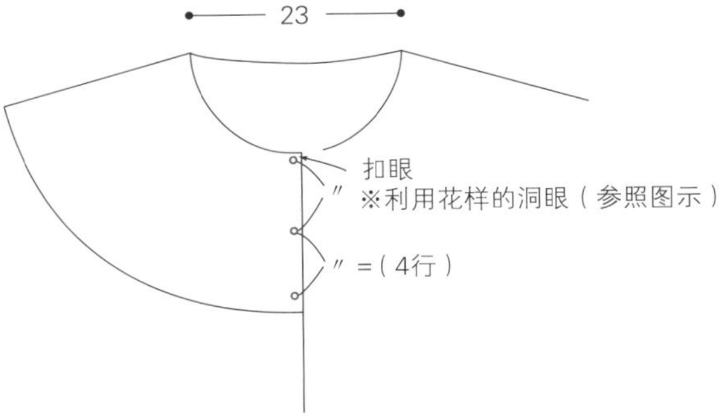

育克的条纹花样以及加针

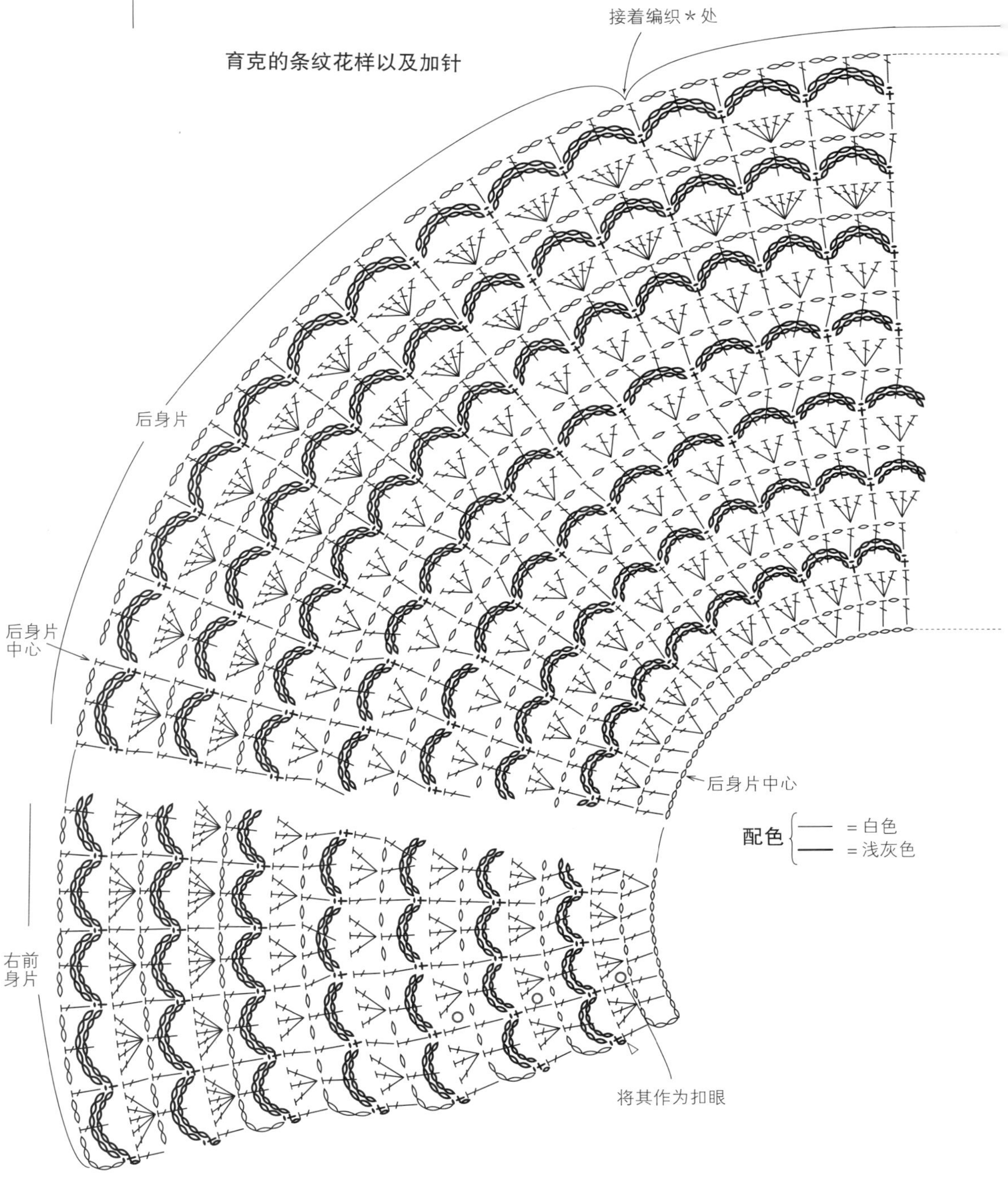

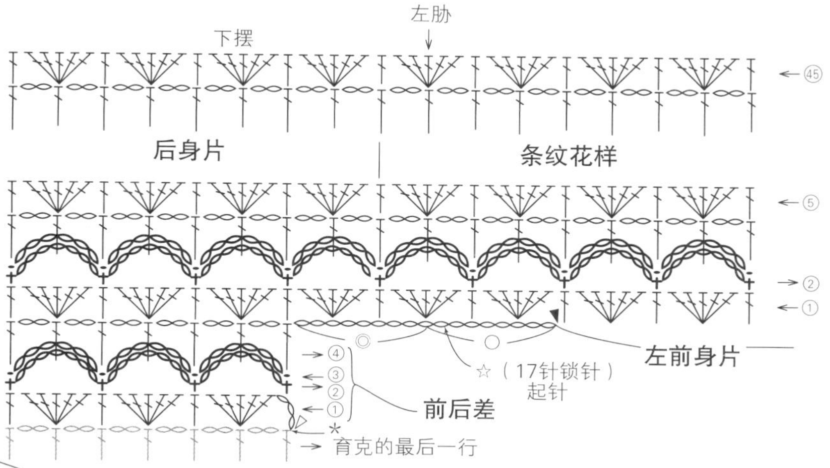

从腋下挑针的方法（身片）

▷ =加线
► =断线

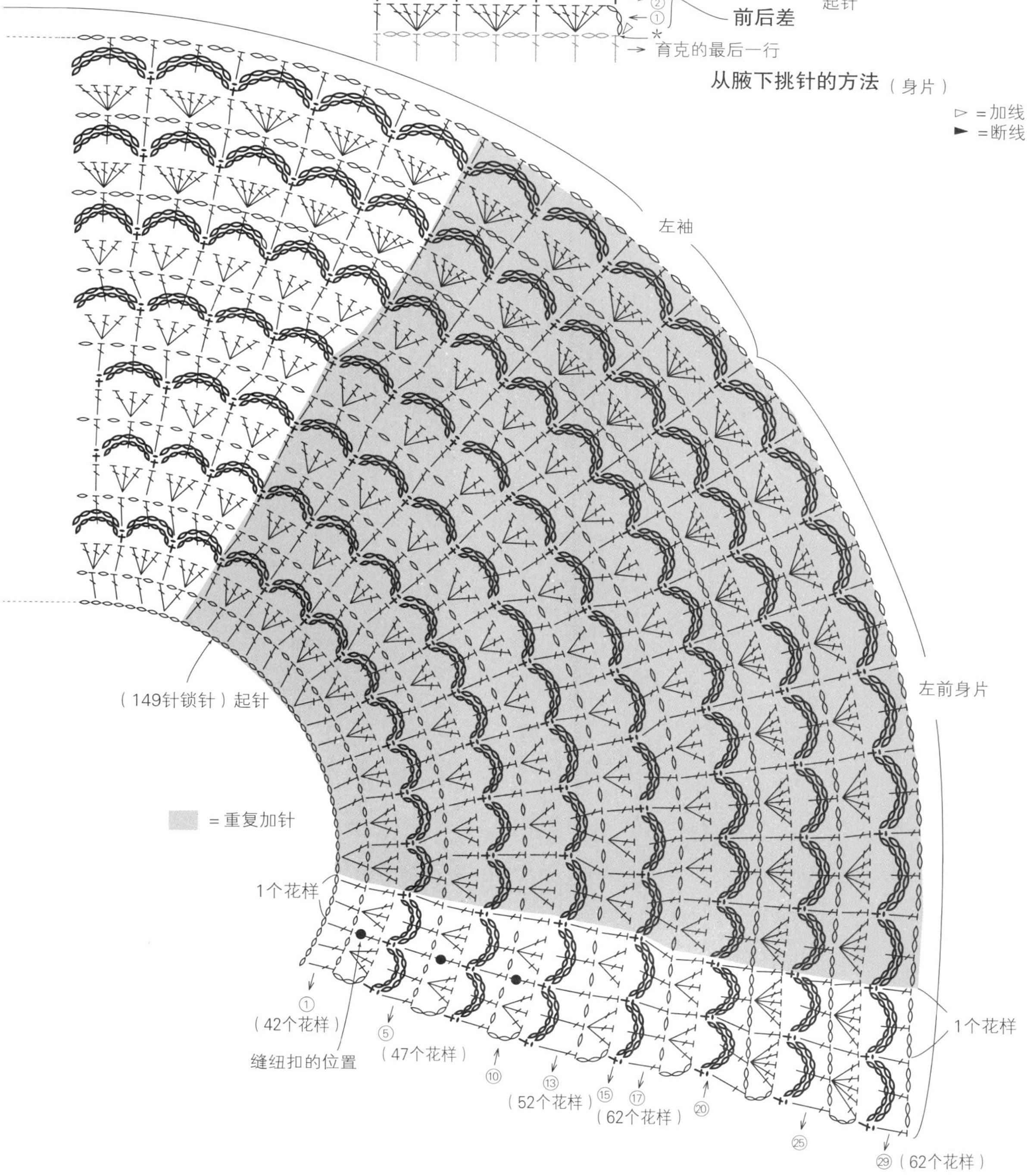

条纹花样（身片）

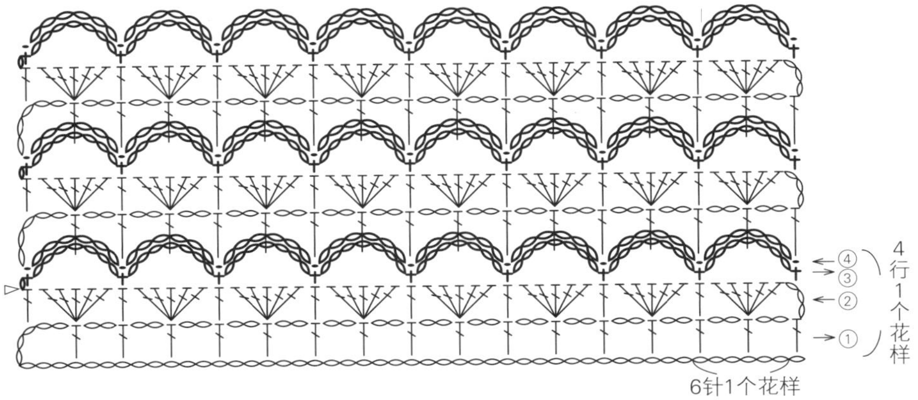

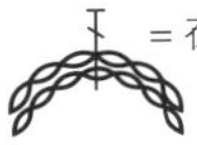

配色 { —— = 白色；**——** = 浅灰色

▷ = 加线
► = 断线

左袖　条纹花样

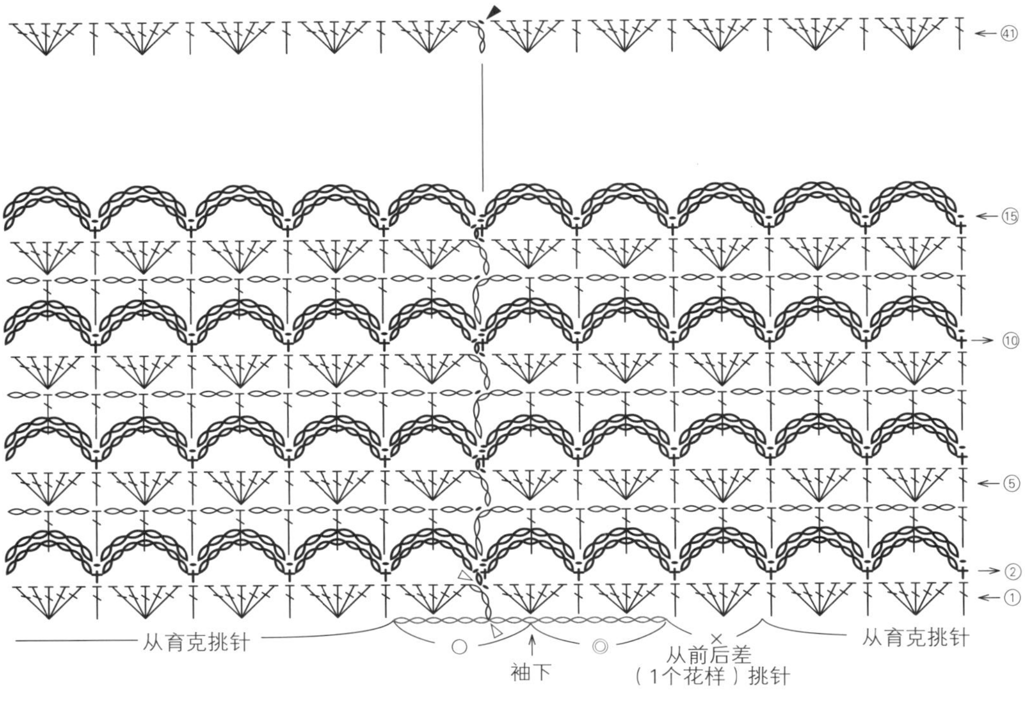

从腋下挑针的方法（衣袖）

在边端换色

配色编织时，为避免用线的过渡过于明显，在边端将另一颜色的线包入针目之中。此方法适用于如作品**06**这种不钩织边缘的情况。

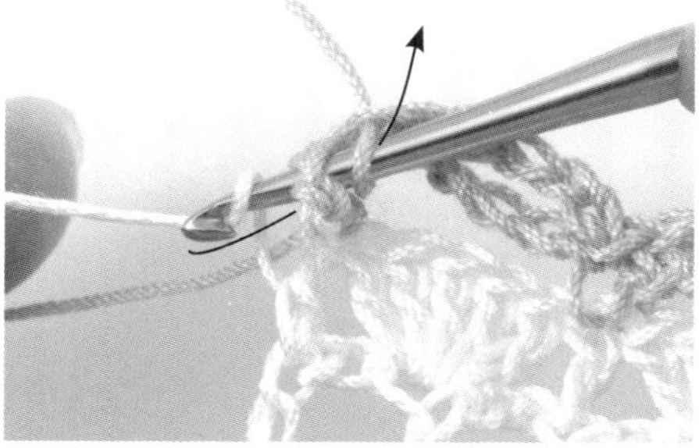

1 按照配色设计更换用线。在最后引拔时换上接下来要用的线。

2 立织 3 针锁针，在钩第 3 针锁针时，将休线绕到现在编织的线上。

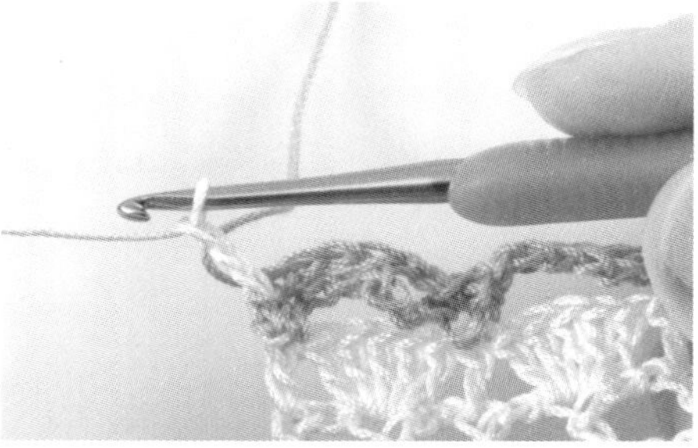

3 休线就被包入针目之中了。把织物翻过来继续编织。

4 一行的最后一针是长针。在做长针的最后引拔时，将休线绕在钩针上做引拔。

长针的正拉针

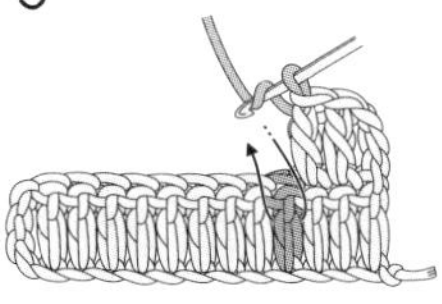

① 钩针挂线，从前面插入上一行长针的足部，挑取整个足部。

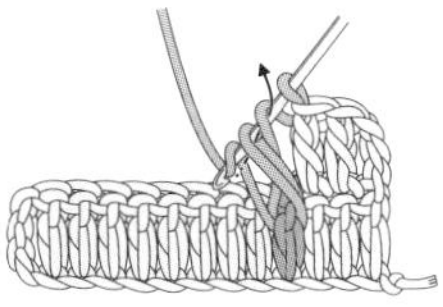

② 挂线后将线长长地拉出，钩针挂线引拔穿过前两个线圈。

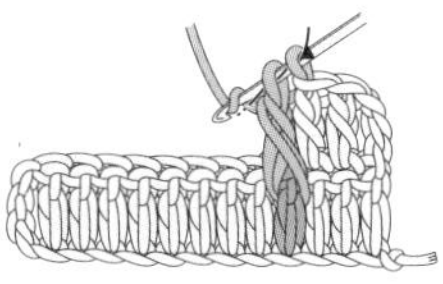

③ 再次挂线，引拔穿过剩下的两个线圈。

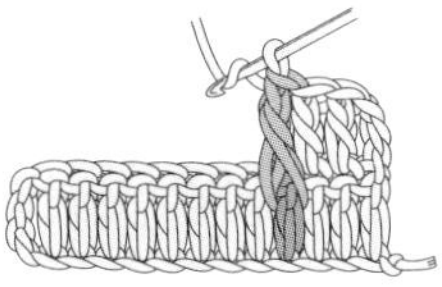

④ 长针的正拉针就完成了。

长针的反拉针

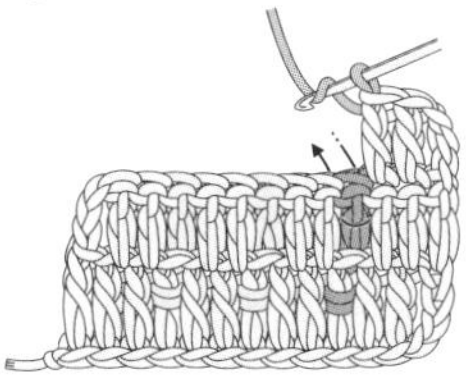

① 钩针挂线，从后面插入上一行长针的足部，挑取整个足部，挂线后长长地拉出。

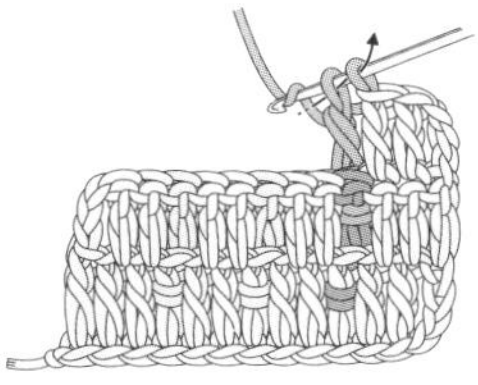

② 钩针挂线，依次引拔穿过两个线圈，钩长针。

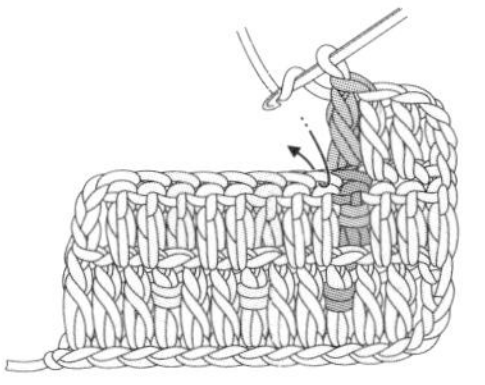

③ 长针的反拉针就完成了。

材料和工具

用线　和麻纳卡 Wash Cotton Crochet　米色（117）280g/12 团

钩针　3/0 号

成品尺寸

胸围 90cm，衣长 44cm，连肩袖长 41.5cm

编织密度

10cm × 10cm 面积内：编织花样 B　30 针，12 行

编织要点

育克…领窝锁针起针后连接成环形，挑取锁针的里山和半针 2 根线，按照编织花样 A 开始编织。育克的加针请参照图示，编织 20 行。

身片…将育克分为前身片、后身片、左袖、右袖 4 个部分，后身片的前后差按照编织花样 B 往返编织 4 行。接着编织左腋下的 18 针锁针，右腋下加线编织 18 针锁针。前、后身片从育克、腋下挑针环形编织。接着编织下摆的边缘编织。

衣袖…从腋下、前后差、育克挑针，一边在袖下减针，一边同身片一样按照编织花样 B 环形编织。袖口环形编织边缘编织。

组合…衣领从起针处挑针，环形编织边缘编织。

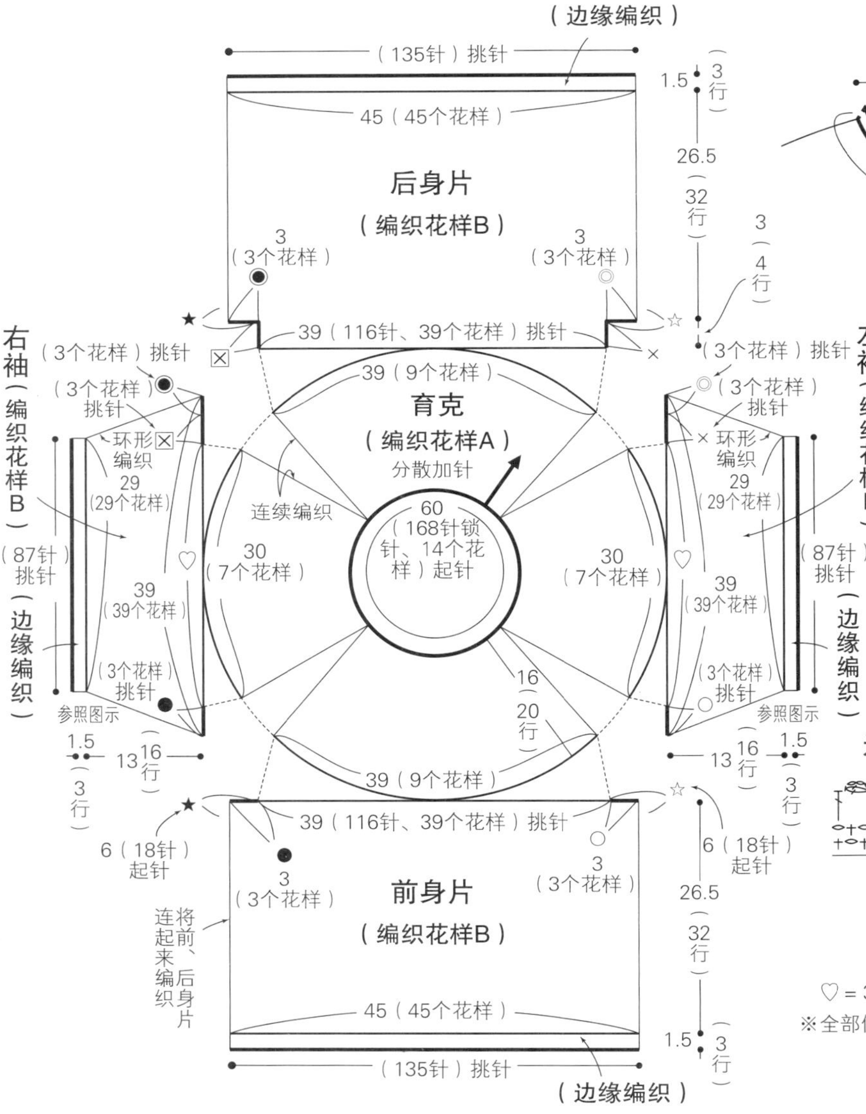

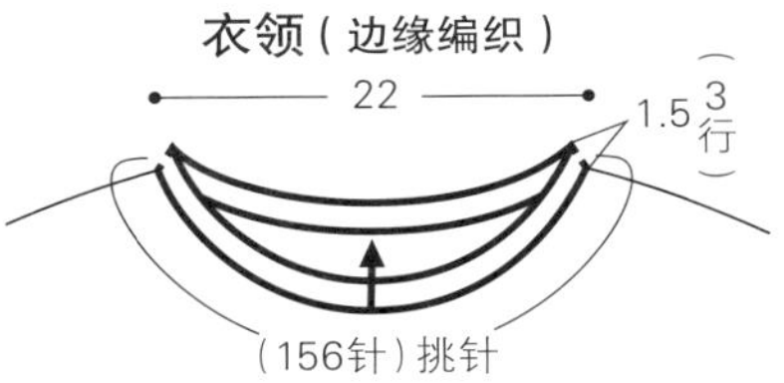

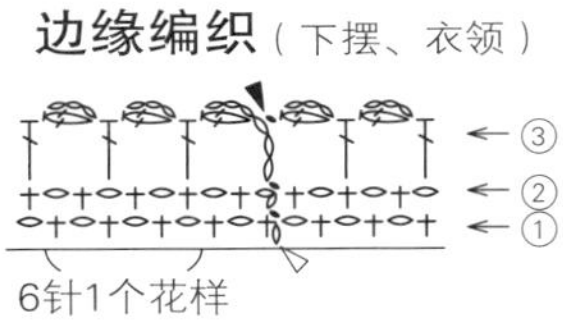

▷ = 加线
▶ = 断线

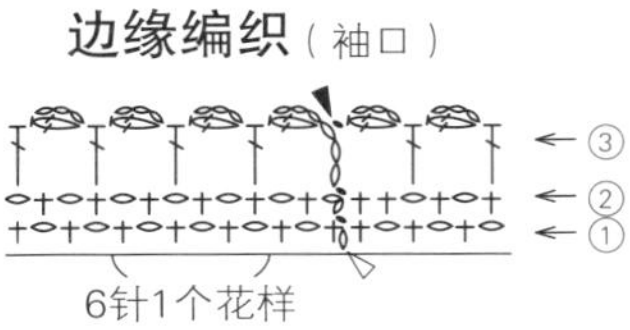

♡ = 30（30个花样）挑针
※全部使用3/0号钩针编织

育克　编织花样A

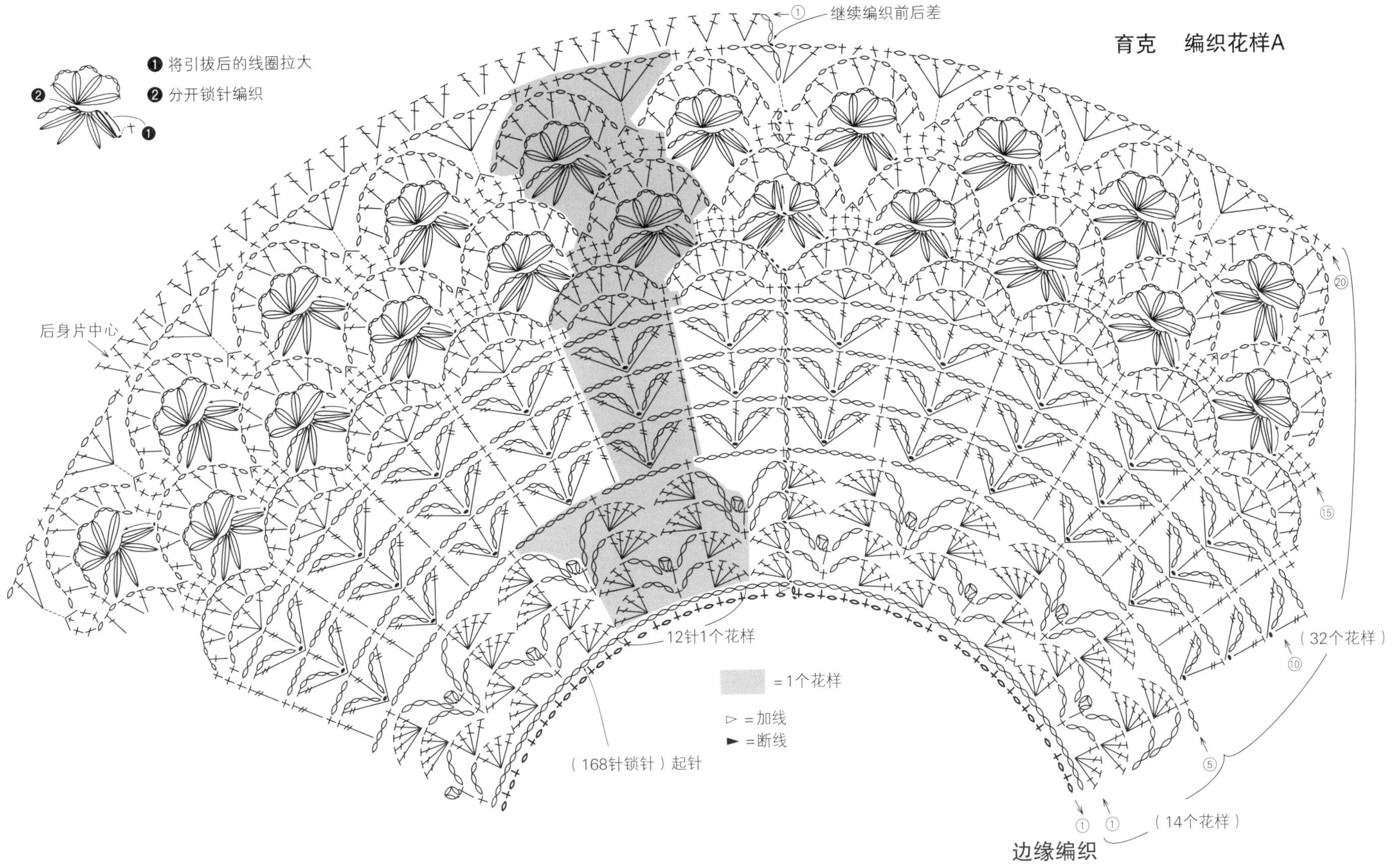

❶ 将引拔后的线圈拉大
❷ 分开锁针编织
①
继续编织前后差
后身片中心
⑳
⑮
⑩
⑤
①
(32个花样)
(14个花样)
12针1个花样
=1个花样
▷ =加线
► =断线
(168针锁针)起针
边缘编织

编织花样B

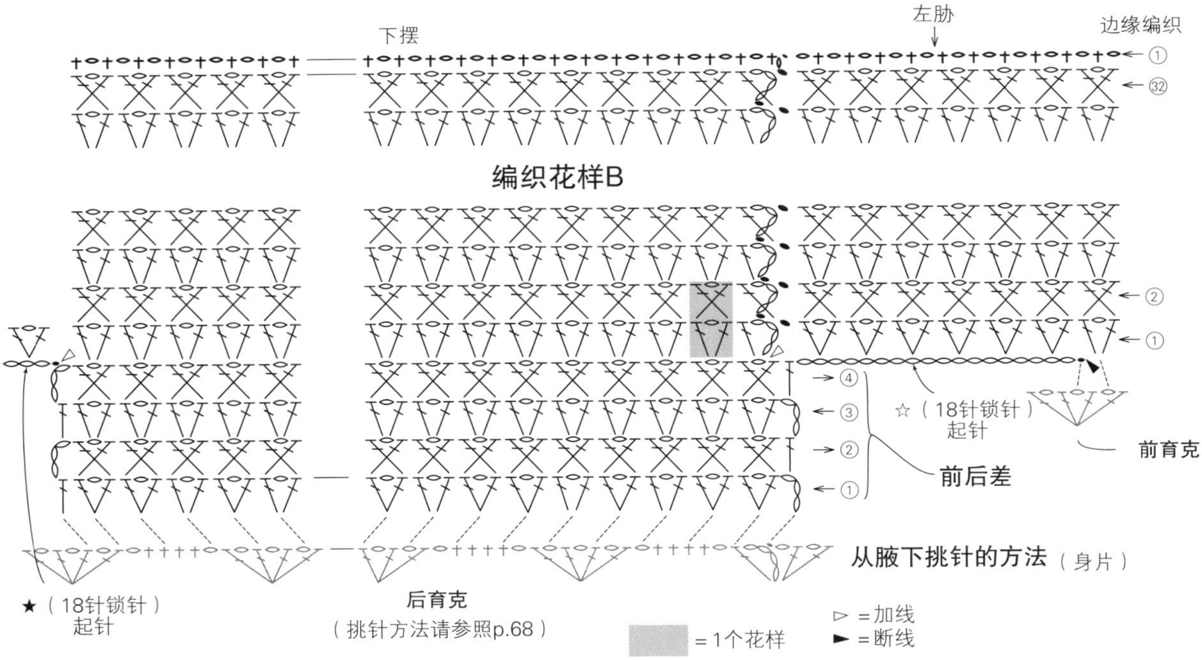

右袖下的减针

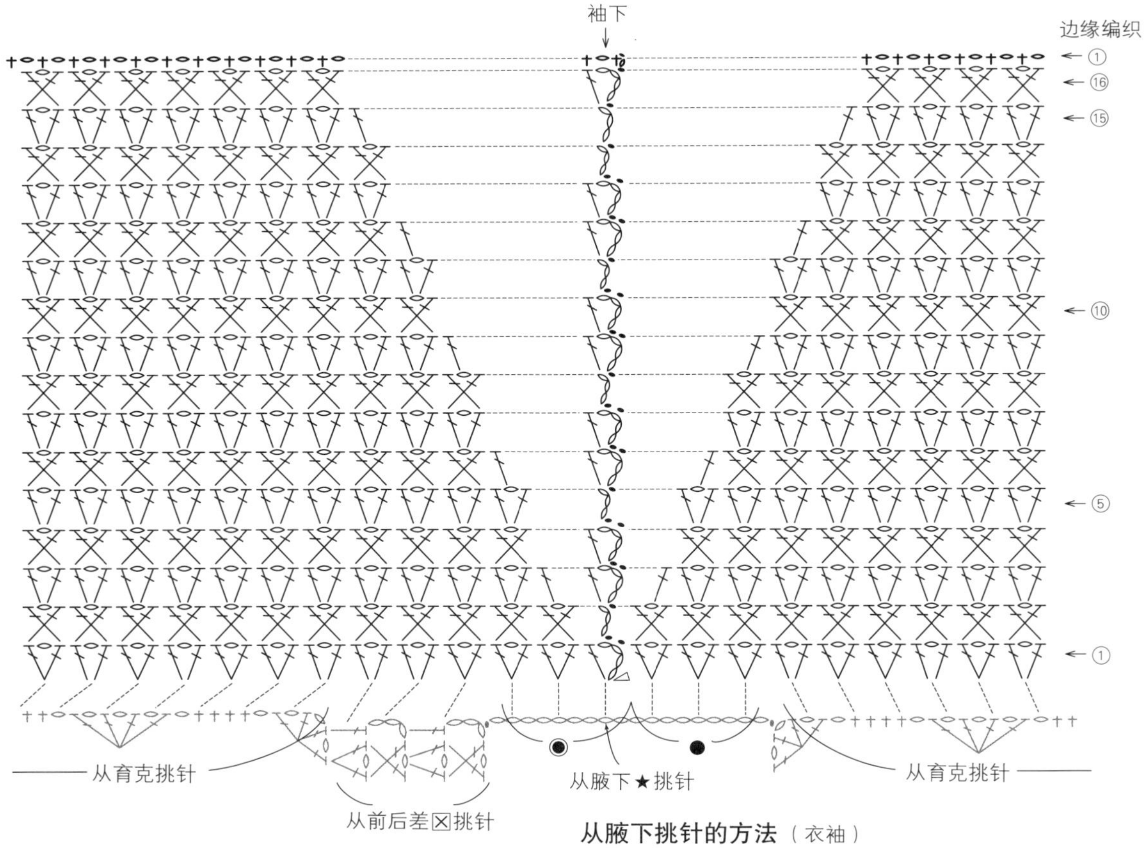

材料和工具

用线 和麻纳卡 Washable Linen 灰蓝色(9)250g/10 团

钩针 3/0 号

成品尺寸

胸围 94cm，衣长 56cm，连肩袖长 28.5cm

编织密度

10cm×10cm 面积内：编织花样B 28.5针，10 行

编织要点

育克…领窝锁针起针后连接成环形，挑取锁针的里山和半针 2 根线，按照编织花样 A 开始编织。育克的加针请参照图示，编织 17 行。

身片…将育克分为前身片、后身片、左袖、右袖 4 个部分，后身片与前身片编织 1 行调整行。后身片的前后差按照编织花样 B 往返编织 4 行。接着编织左腋下的 18 针锁针，右腋下加线编织 18 针锁针。前、后身片从育克、腋下挑针，按照编织花样 B 和 A’环形编织。

袖口…从腋下、前后差、育克挑针，按照边缘编织 A 环形编织。

组合…衣领从起针处挑针，按照边缘编织 B 环形编织。

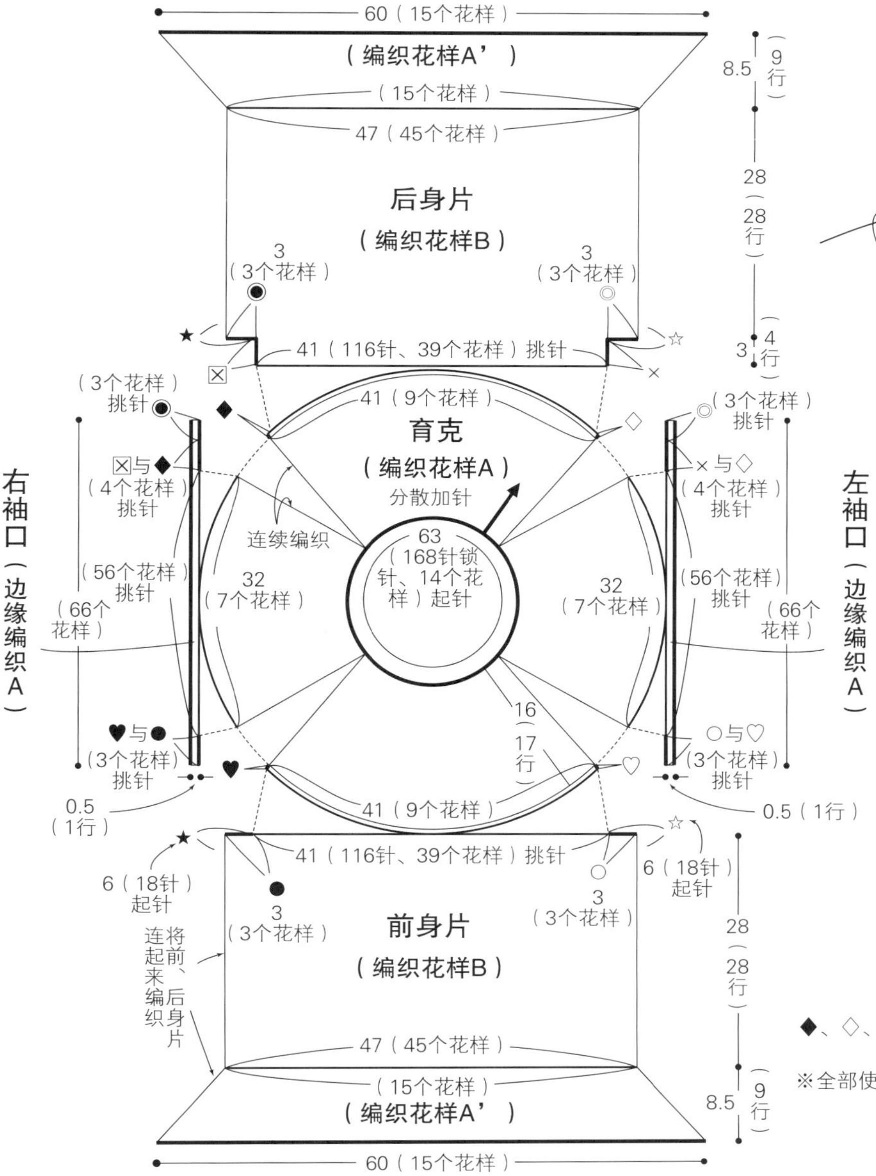

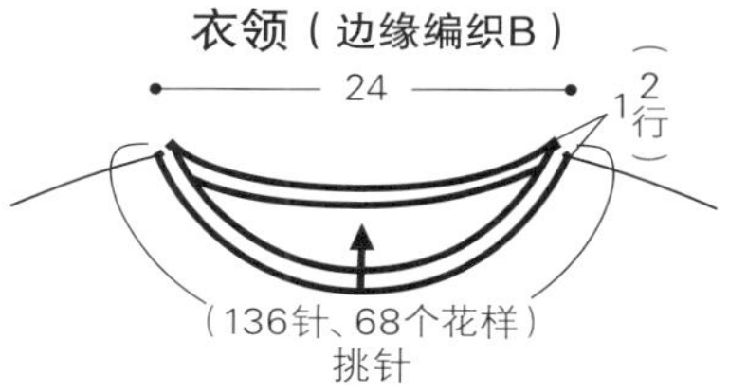

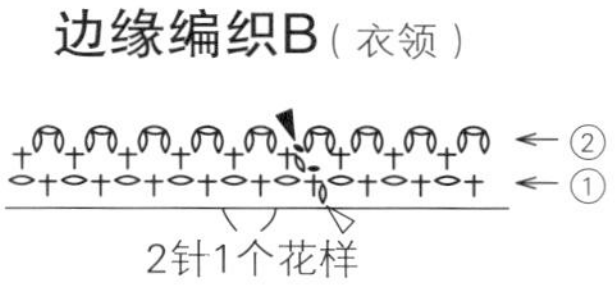

▷ ＝加线

► ＝断线

◆、◇、♥、♡＝0.5（1行）调整行

※全部使用3/0号钩针编织

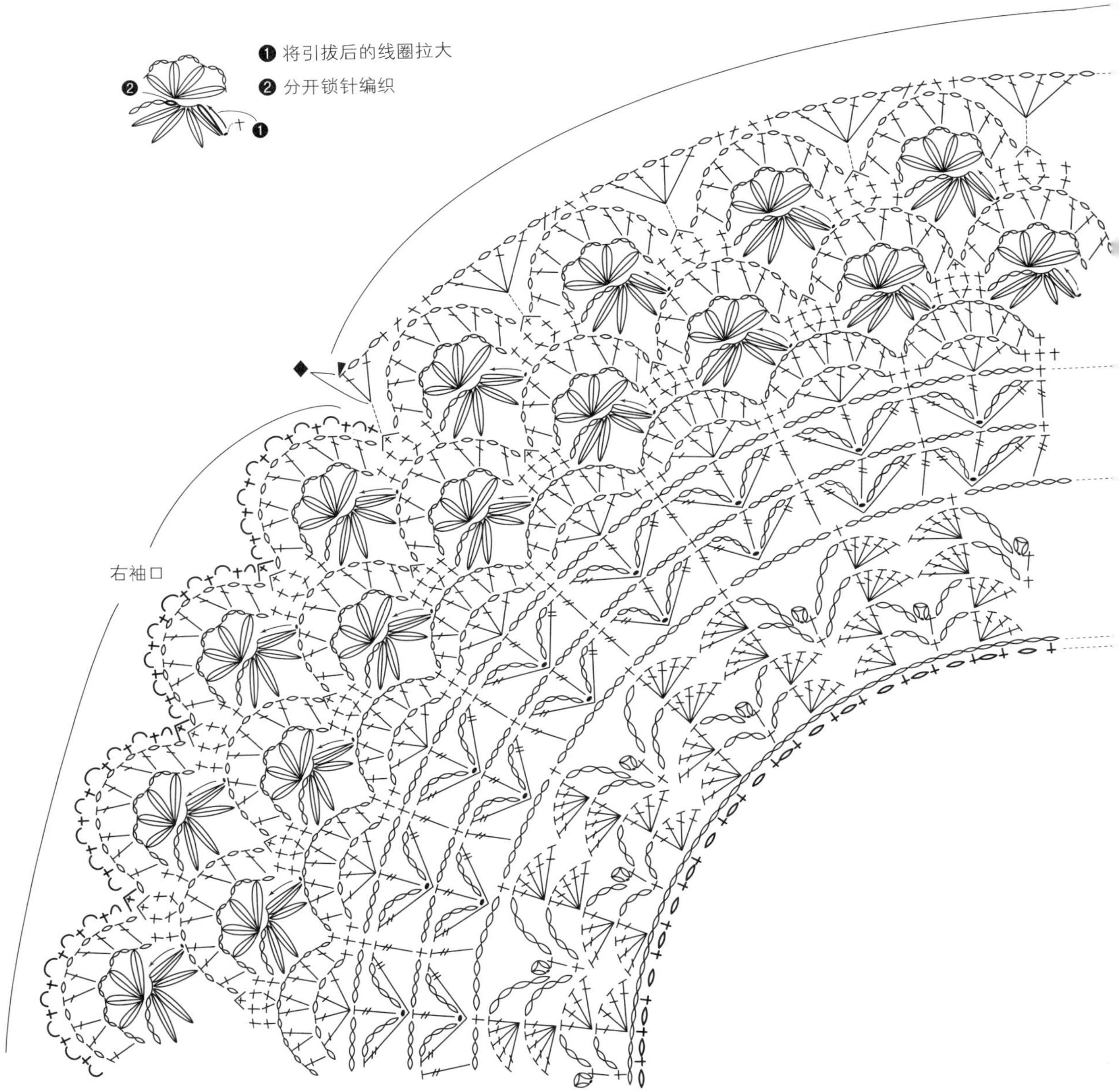
❶ 将引拔后的线圈拉大
❷ 分开锁针编织
右袖口

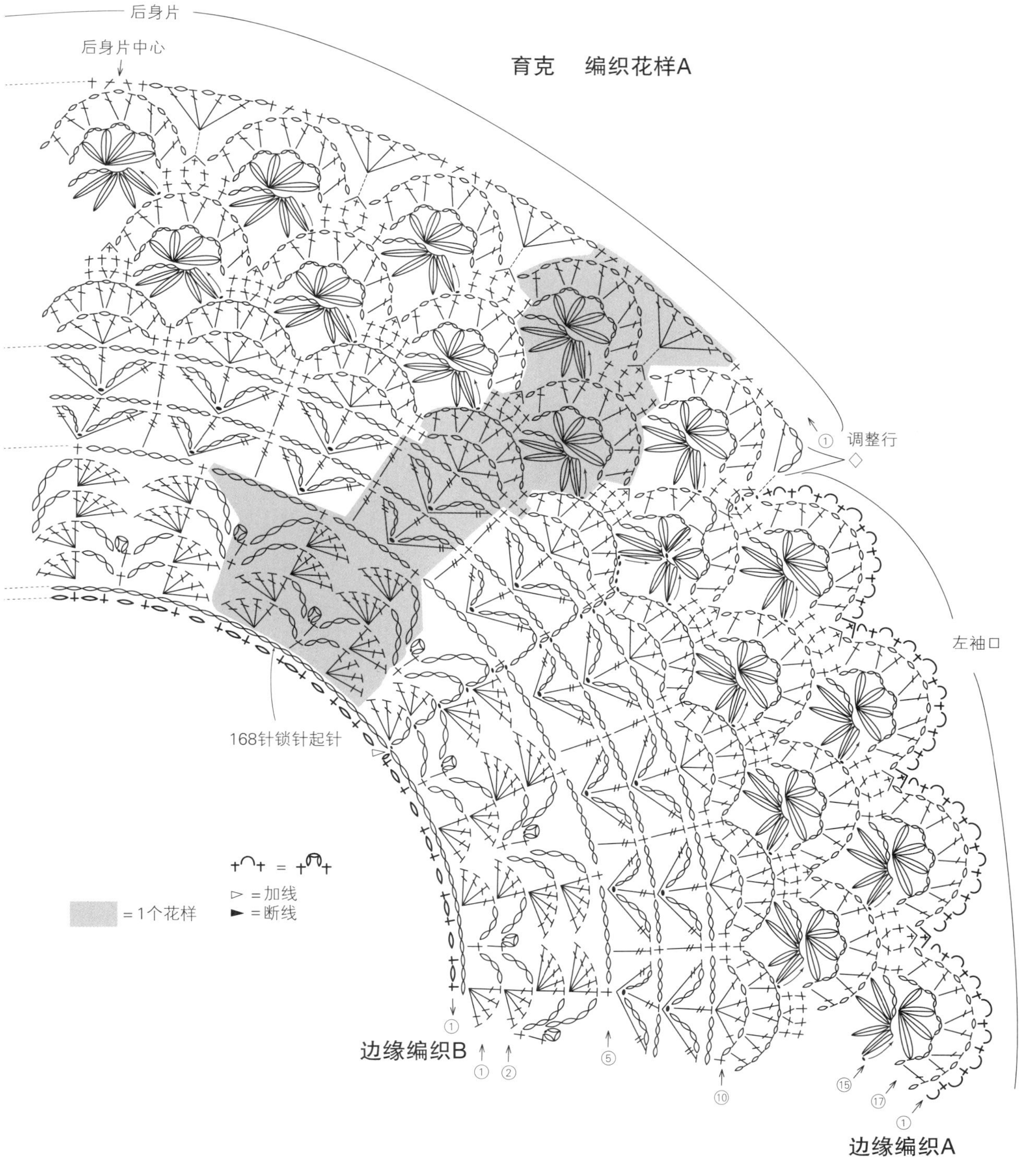
后身片
后身片中心
育克　编织花样A
①　调整行
◇
左袖口
168针锁针起针
= 1个花样
▷ =加线
► =断线
边缘编织B
①
①
②
⑤
⑩
⑮
⑰
①
边缘编织A

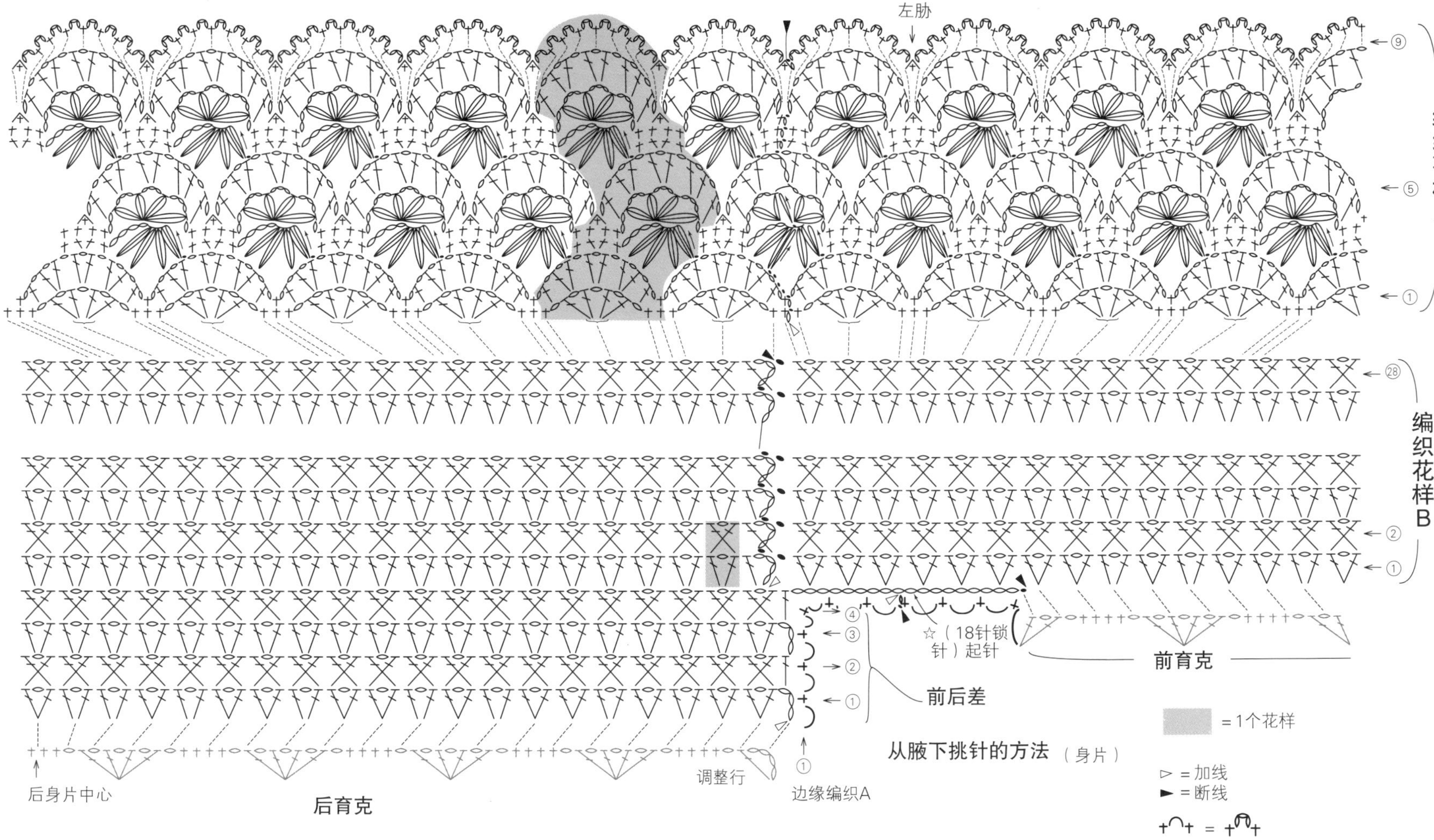

左胁
编织花样A'
编织花样B
⑨
⑤
①
㉘
②
①
④
③
②
①
①
☆（18针锁针）起针
前育克
前后差
= 1个花样
从腋下挑针的方法（身片）
后身片中心
调整行
边缘编织A
后育克
▷ = 加线
► = 断线

材料和工具

用线 和麻纳卡 Wash Cotton Crochet Lame
米色（415）350g/14 团
钩针 3/0 号

成品尺寸

胸围 120cm，衣长 51.5cm，连肩袖长 31.5cm

编织密度

编织花样 1 个花样 3.5cm，10cm 14 行

编织要点

身片…前肩、前领窝连起来锁针起针后，挑取锁针的里山和半针 2 根线，按照编织花样一直编织至袖开口止位，断线。参照图示在前身片的起针处加线，钩织后领窝的起针。后肩从前肩起针锁针剩余的 1 根线里挑针，后领窝从起针锁针的里山和半针 2 根线里挑针。在袖开口止位将前、后身片连起来，环形往返编织。下摆按照边缘编织 A 环形编织。

组合…分别在衣领、袖口的针目处挑针，按照边缘编织 B 环形编织。

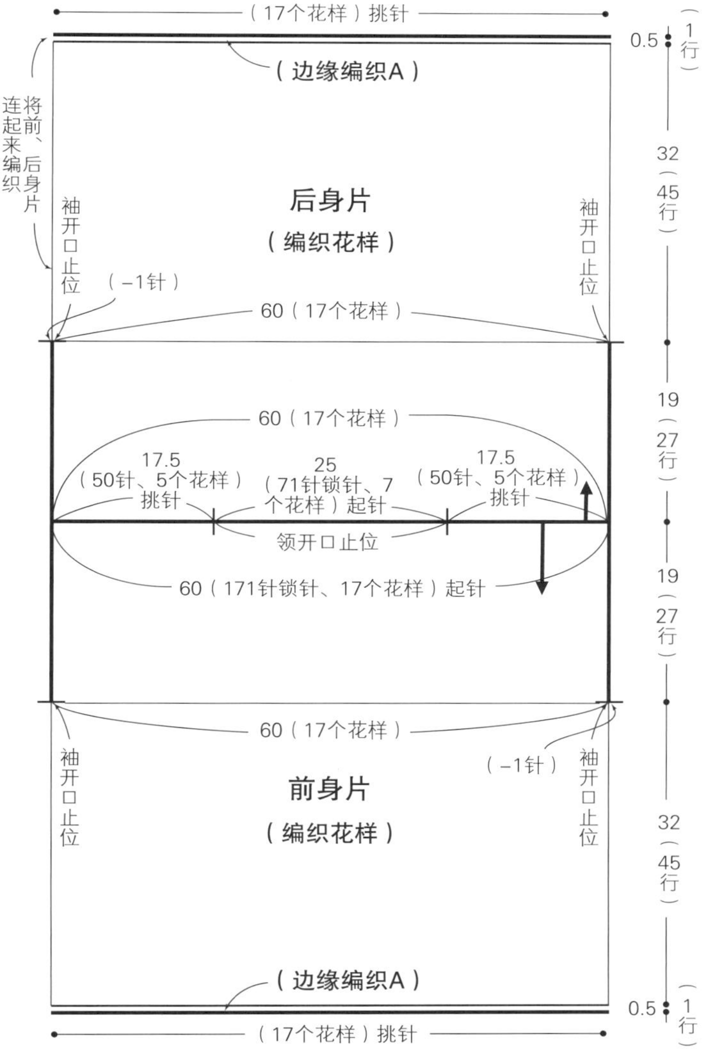

※全部使用3/0号钩针编织

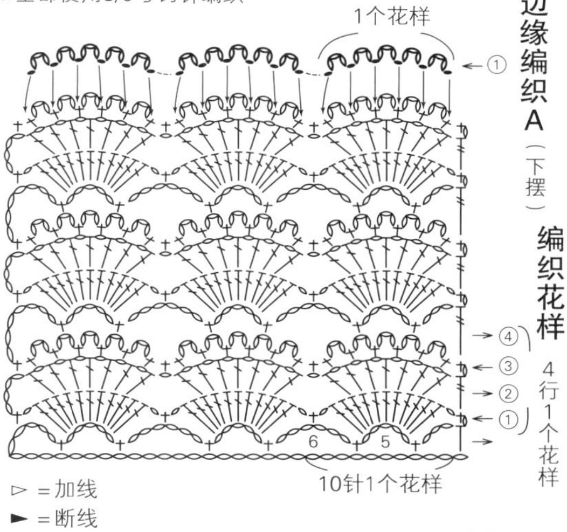

衣领、袖口（边缘编织B）

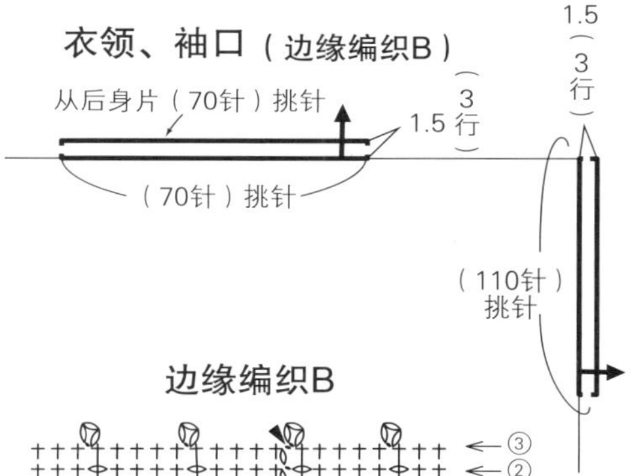

边缘编织B

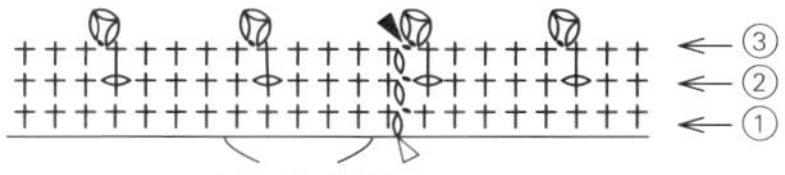

= 一边包住上一行的锁针一边钩短针

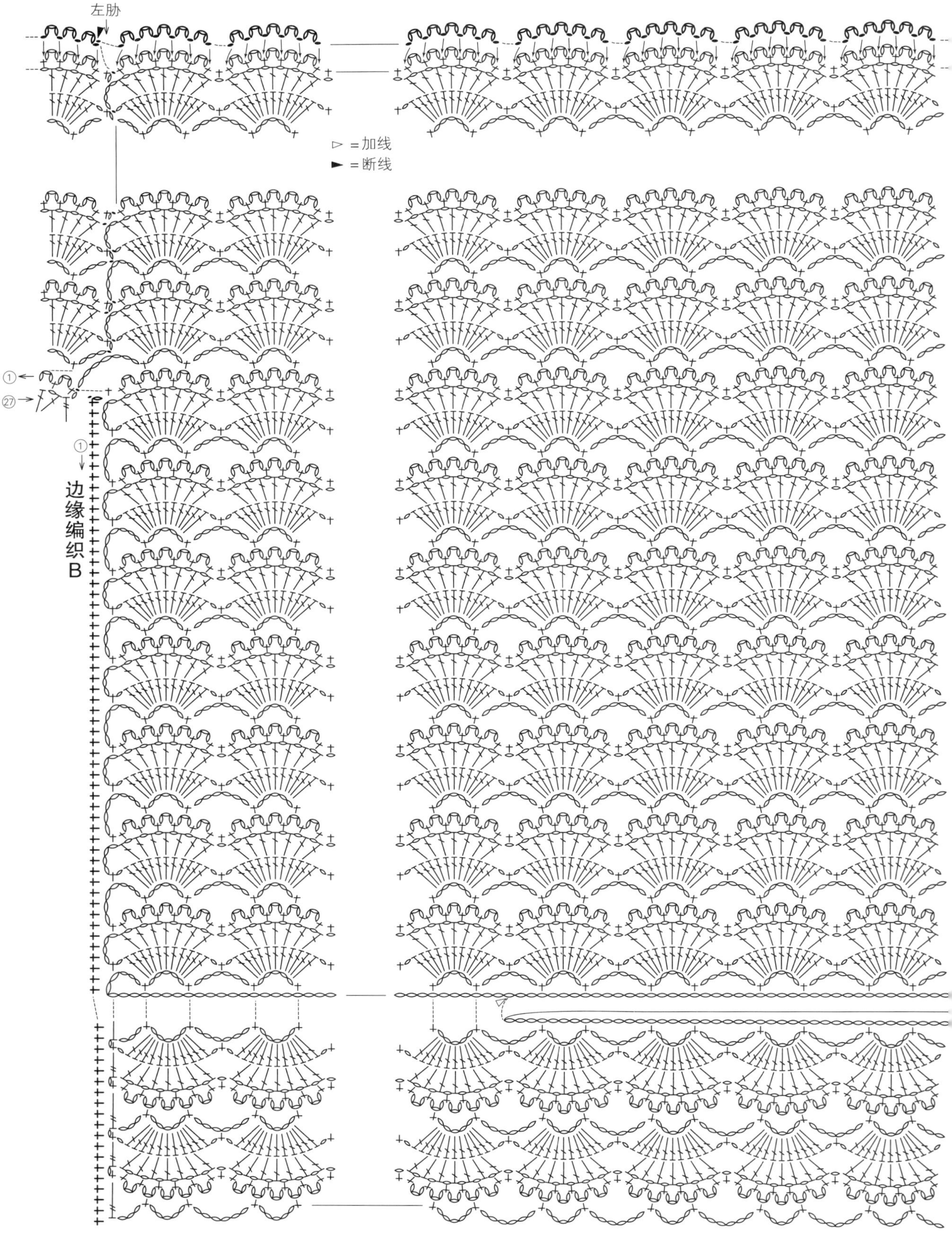

左胁
▷ =加线
► =断线
①
㉗
①
边缘编织B

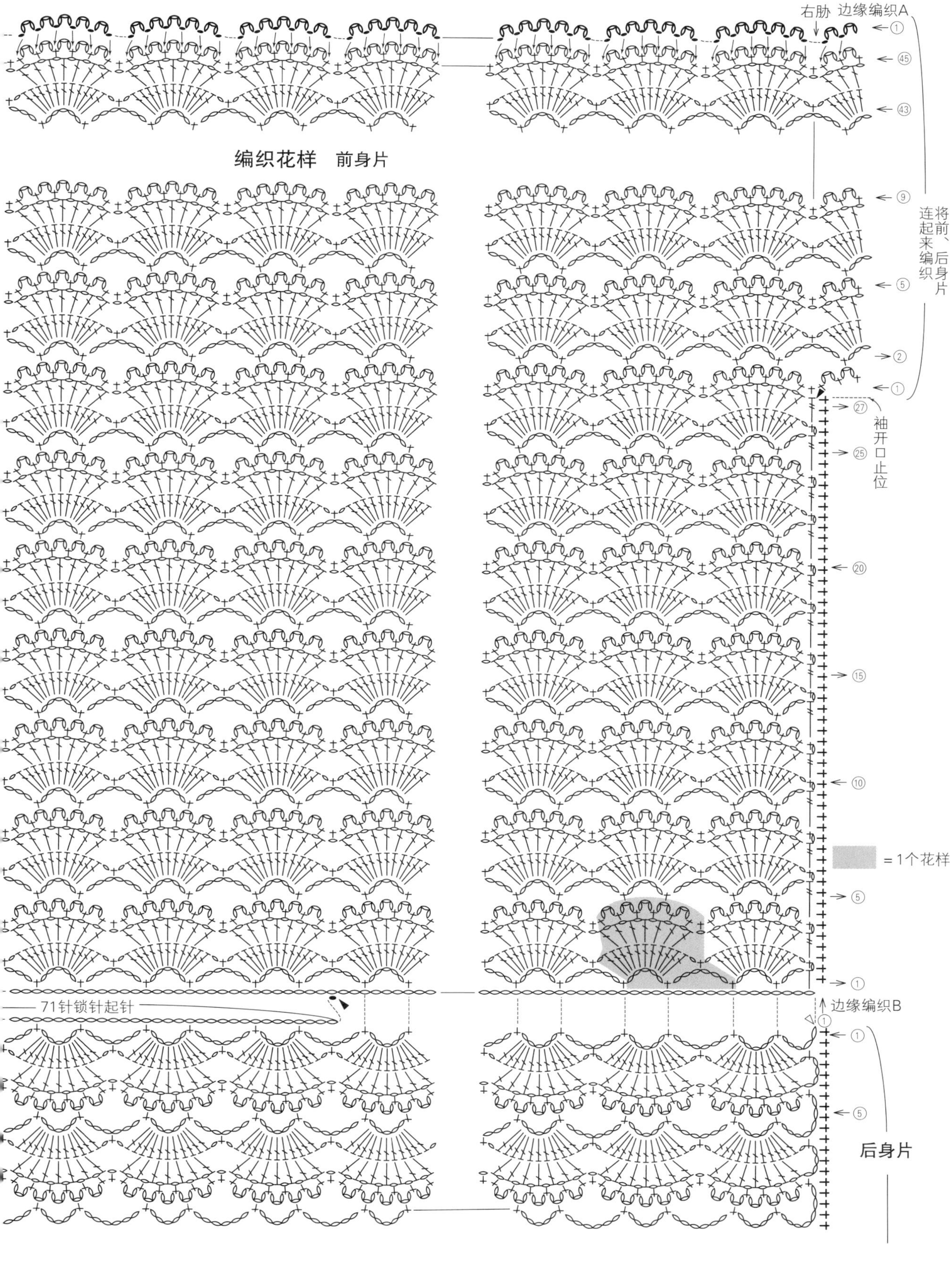
右胁
边缘编织A
①
㊺
㊸
编织花样　前身片
⑨
将前、后身片连起来编织
⑤
②
①
㉗
袖开口止位
㉕
⑳
⑮
⑩
= 1个花样
⑤
①
71针锁针起针
边缘编织B
①
①
⑤
后身片

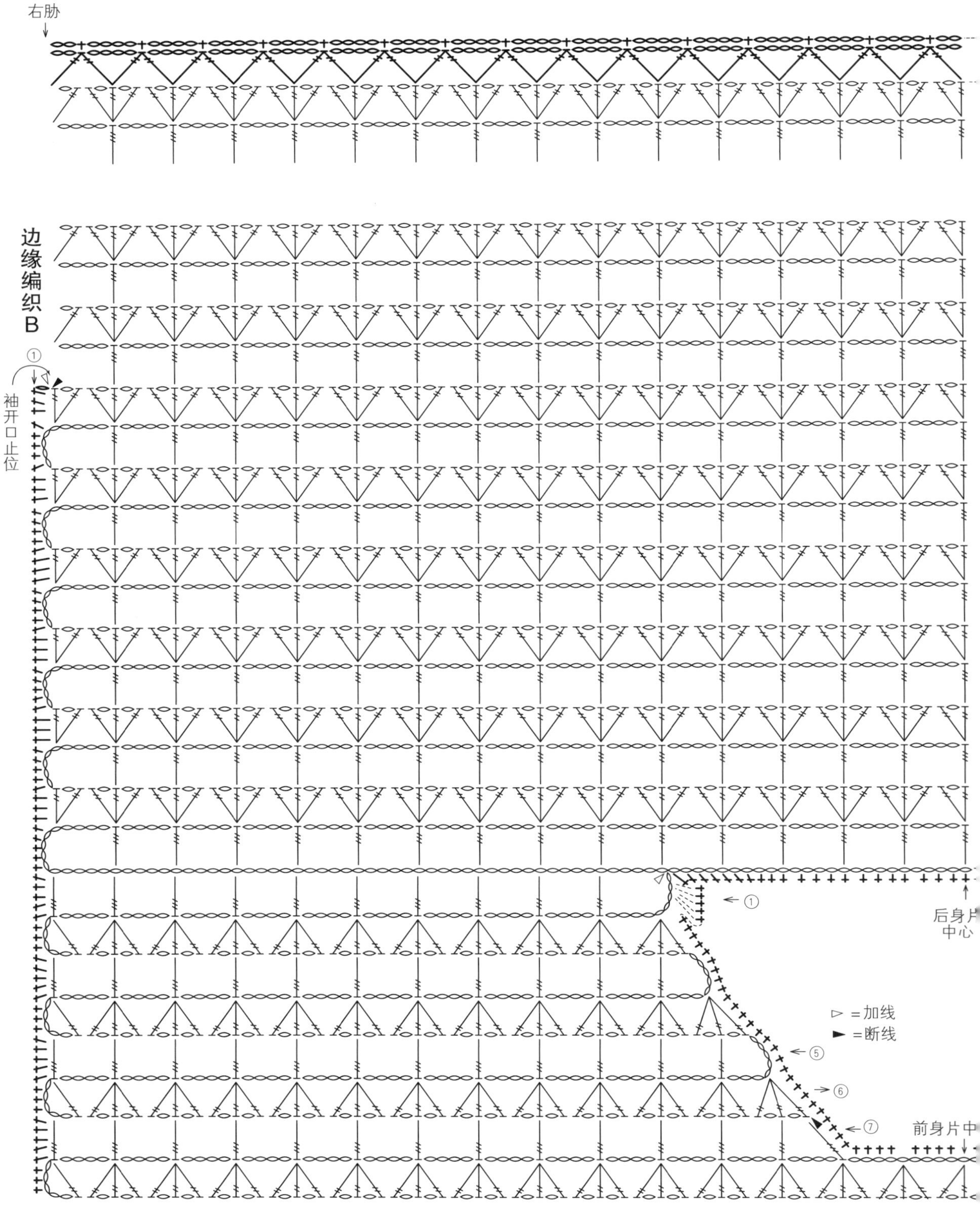
右胁
边缘编织B
①
袖开口止位
①
后身片中心
▷ =加线
► =断线
⑤
⑥
⑦
前身片中

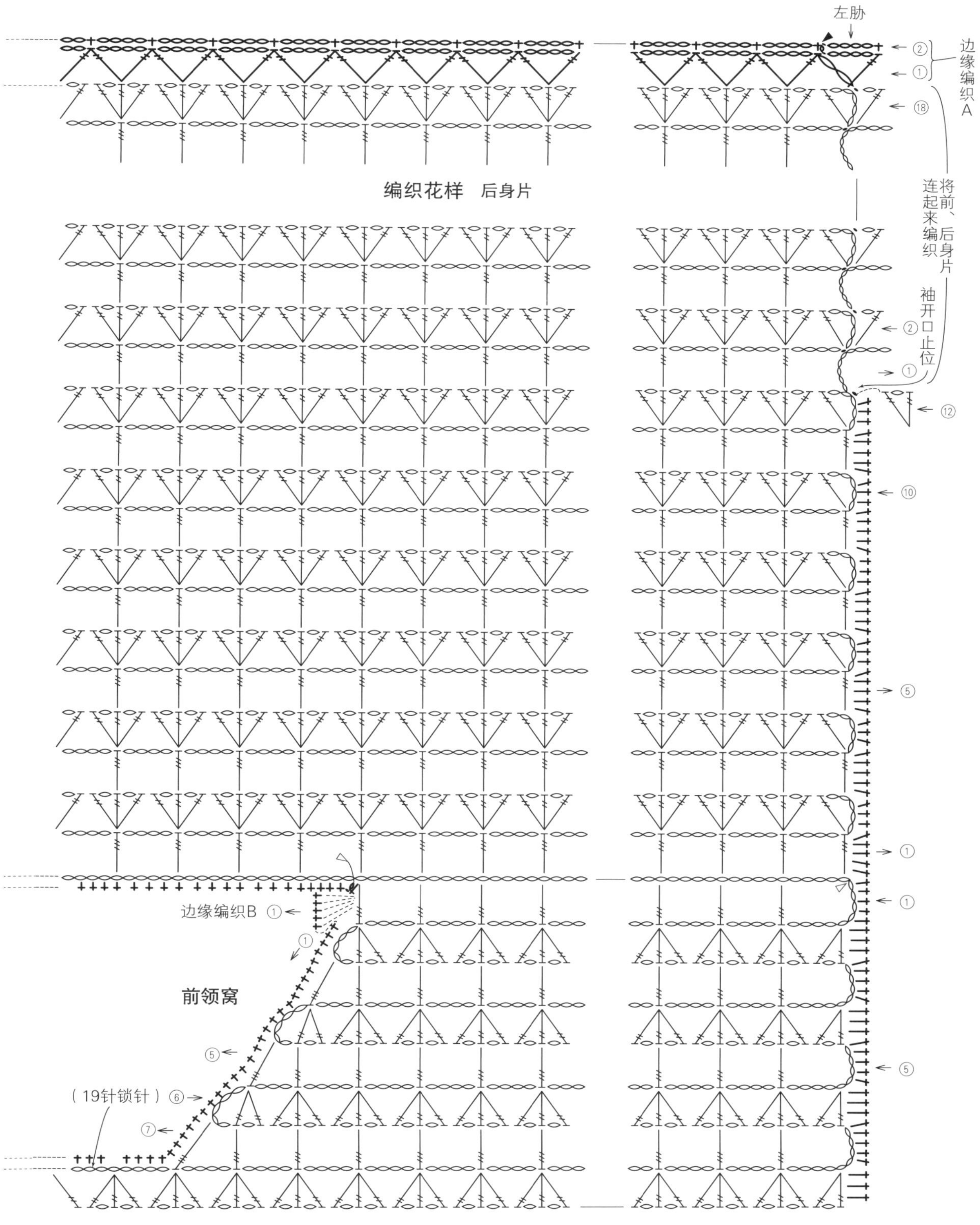
左胁
边缘编织A
②
①
⑱
编织花样　后身片
将前、后身片连起来编织
袖开口止位
②
①
⑫
⑩
⑤
①
①
⑤
边缘编织B ①
①
前领窝
⑤
（19针锁针）⑥
⑦

图片… p.26,p.27

材料和工具

用线 和麻纳卡 春夏秋冬 **10/** 橘色系（4）120g/5 团 **11/** 蓝色系（8）120g/5 团

钩针 5/0 号

成品尺寸

胸围 98cm，衣长 49cm，连肩袖长 25cm

编织密度

10cm × 10cm 面积内：编织花样 30.5 针，6.5 行

编织要点

身片…后肩、后领窝连起来锁针起针，挑取锁针的里山和半针 2 根线，按照编织花样编织 12 行。右前肩从后肩挑针，一边加针一边按照编织花样编织 6 行，断线。左前肩同样方法挑针，钩织完第 7 行后继续钩织 19 针锁针，与右前肩连接起来，编织至第 12 行。在袖开口止位，将前、后身片连起来，环形往返编织 18 行编织花样。下摆按照边缘编织 A 环形编织。

组合…分别在衣领、袖口的针目处挑针，按照边缘编织 B 环形编织。

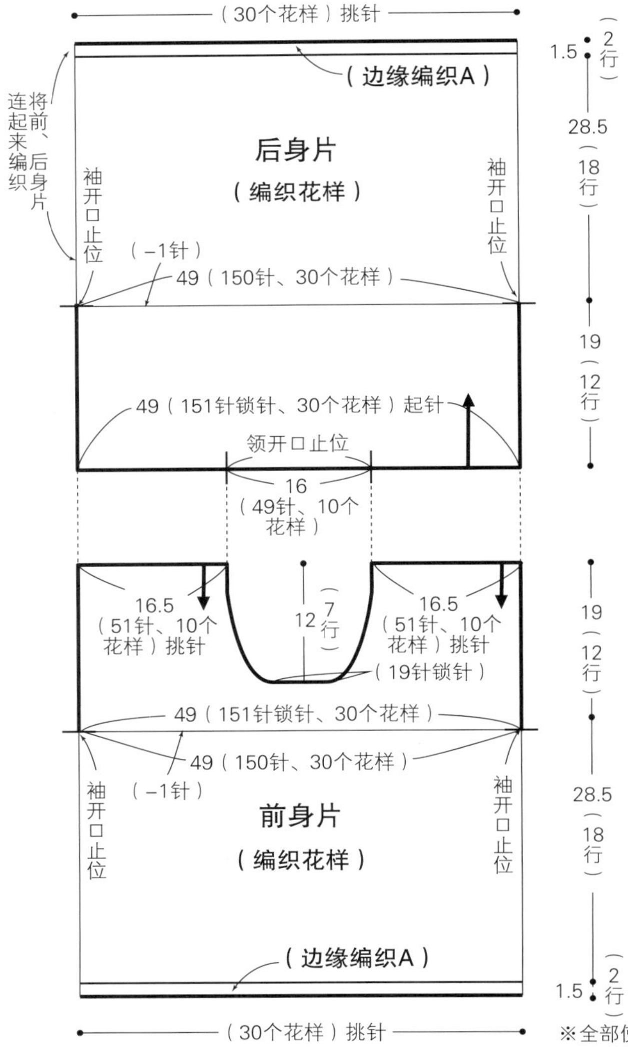

身片的编织方法请参照p.72，p.73

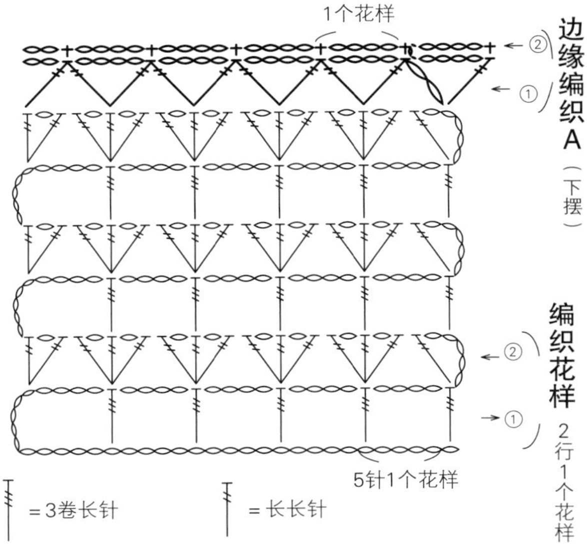

※全部使用5/0号钩针编织

衣领、袖口（边缘编织B）

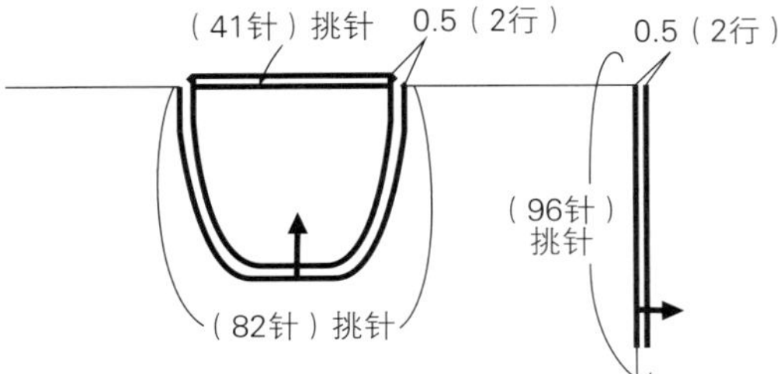

边缘编织B

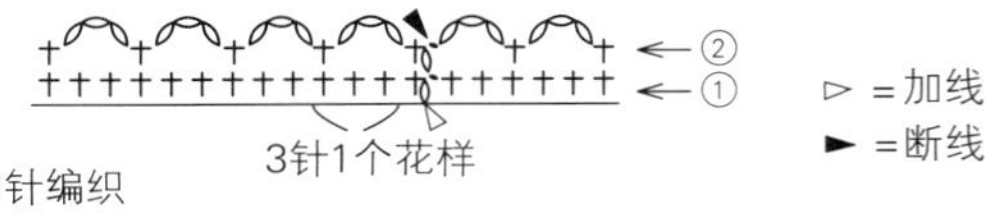

图片… p.29

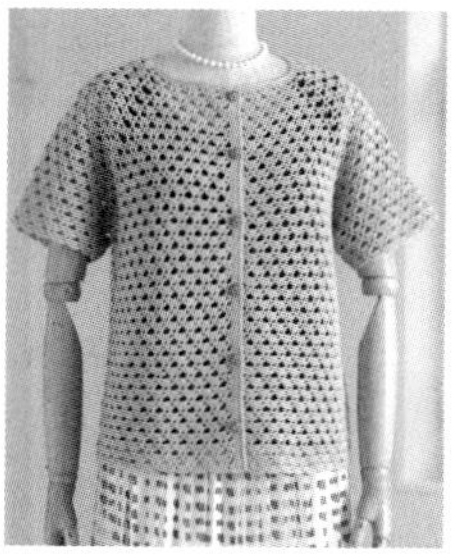

✤ 材料和工具

用线　和麻纳卡 Wash Cotton　银灰色（20）390g/10 团

钩针　4/0 号

附件　6 个直径 15mm 的纽扣

✤ 成品尺寸

胸围 97.5cm，衣长 52.5cm，连肩袖长 36cm

✤ 编织密度

编织花样 A、B　1 个花样 2.2cm，10cm 14 行

✤ 编织要点

育克…领窝锁针起针，挑取锁针的里山，按照图示的编排做编织花样 A 和 B。

身片…编织后身片的前后差。在左、右腋下加 11 针锁针，从育克和腋下挑针，将前、后身片连起来编织。

衣袖…在腋下的中间加线，一边在袖下减针一边编织 15 行。

组合…编织左前门襟。编织右前门襟时需留扣眼，接着编织衣领的短针。在左前门襟缝上纽扣。

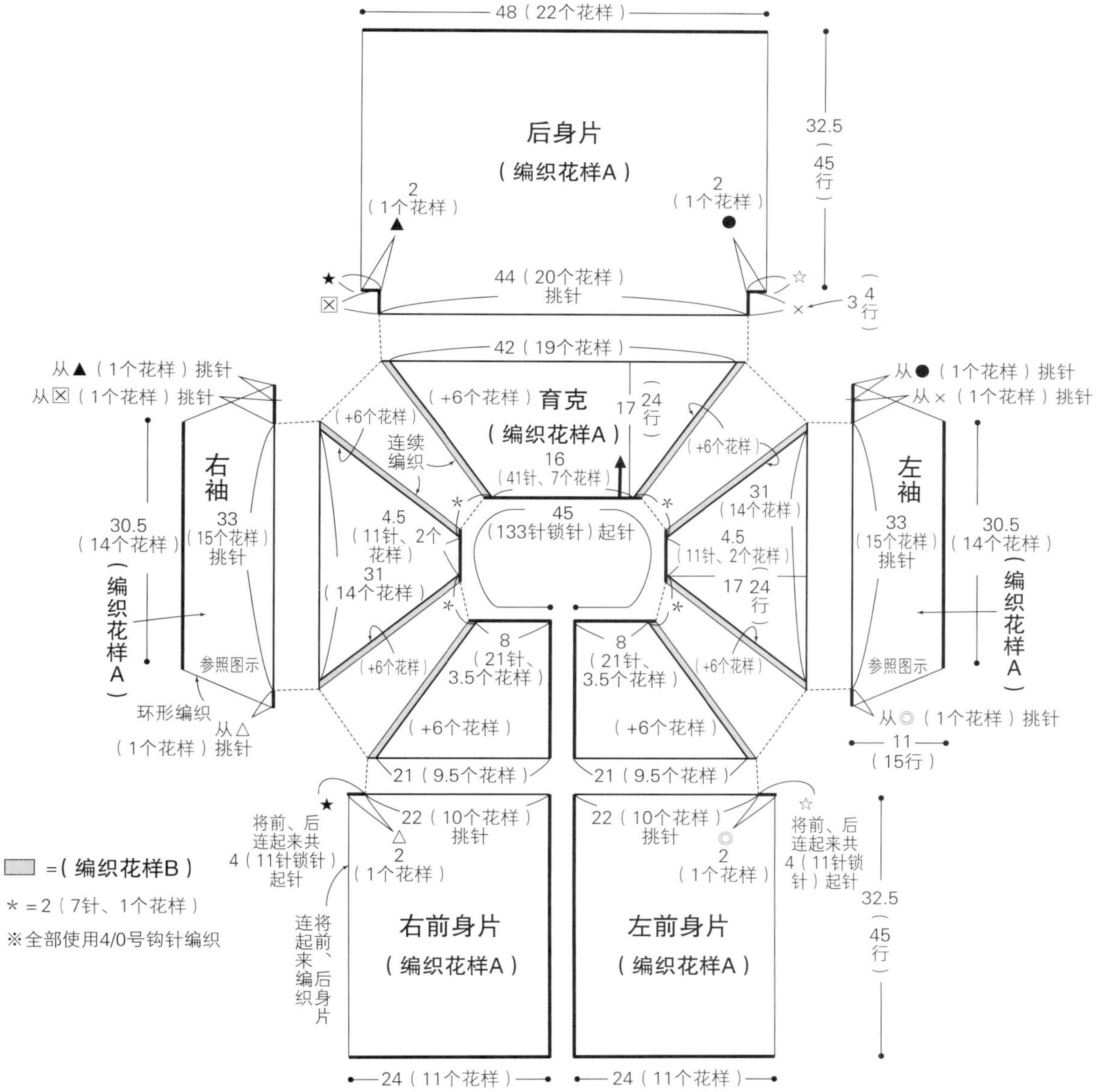

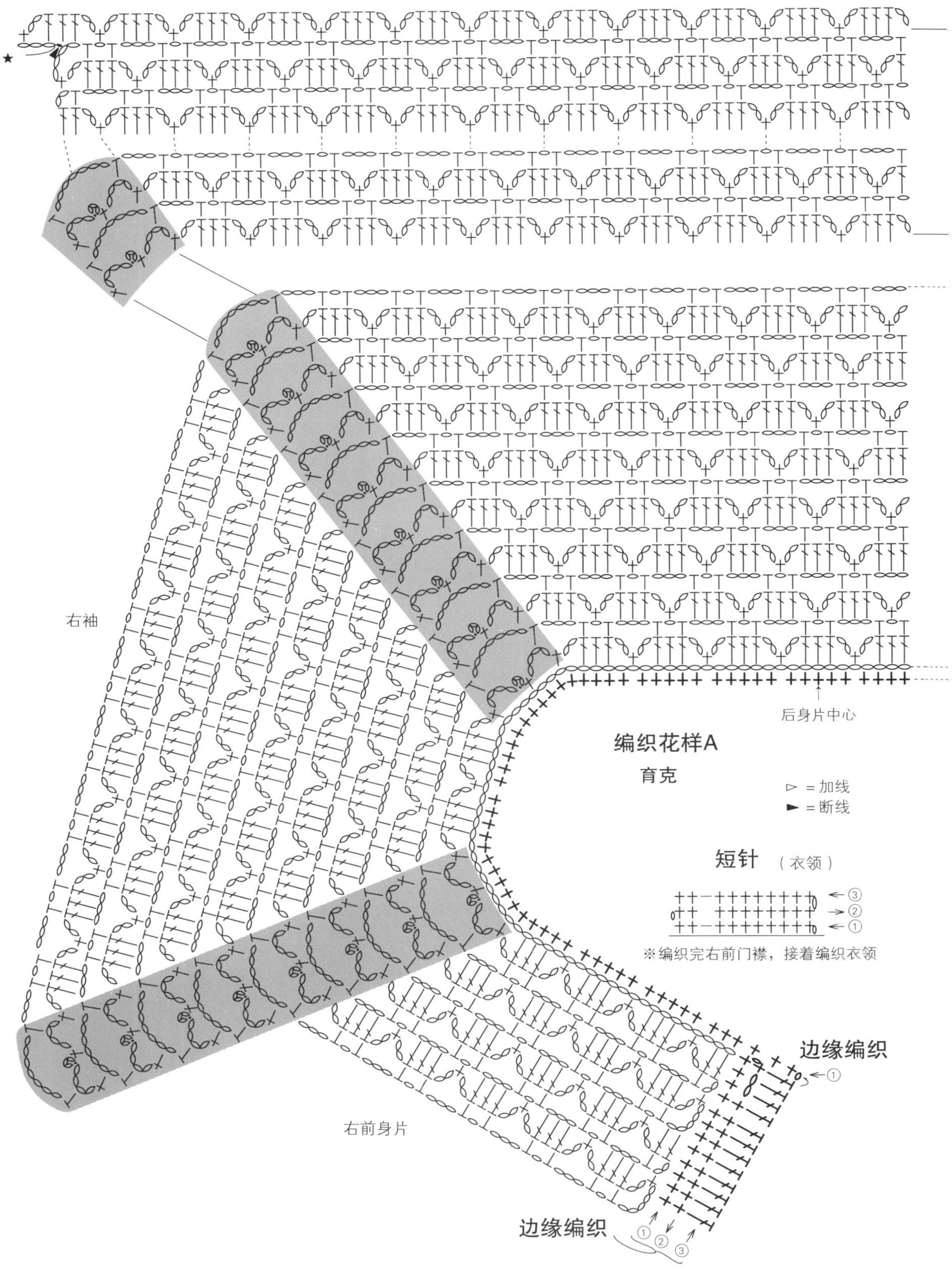

右袖
后身片中心
编织花样A
育克
▷ = 加线
► = 断线
短针 （衣领）
③
②
①
※编织完右前门襟，接着编织衣领
边缘编织
①
右前身片
边缘编织
①
②
③

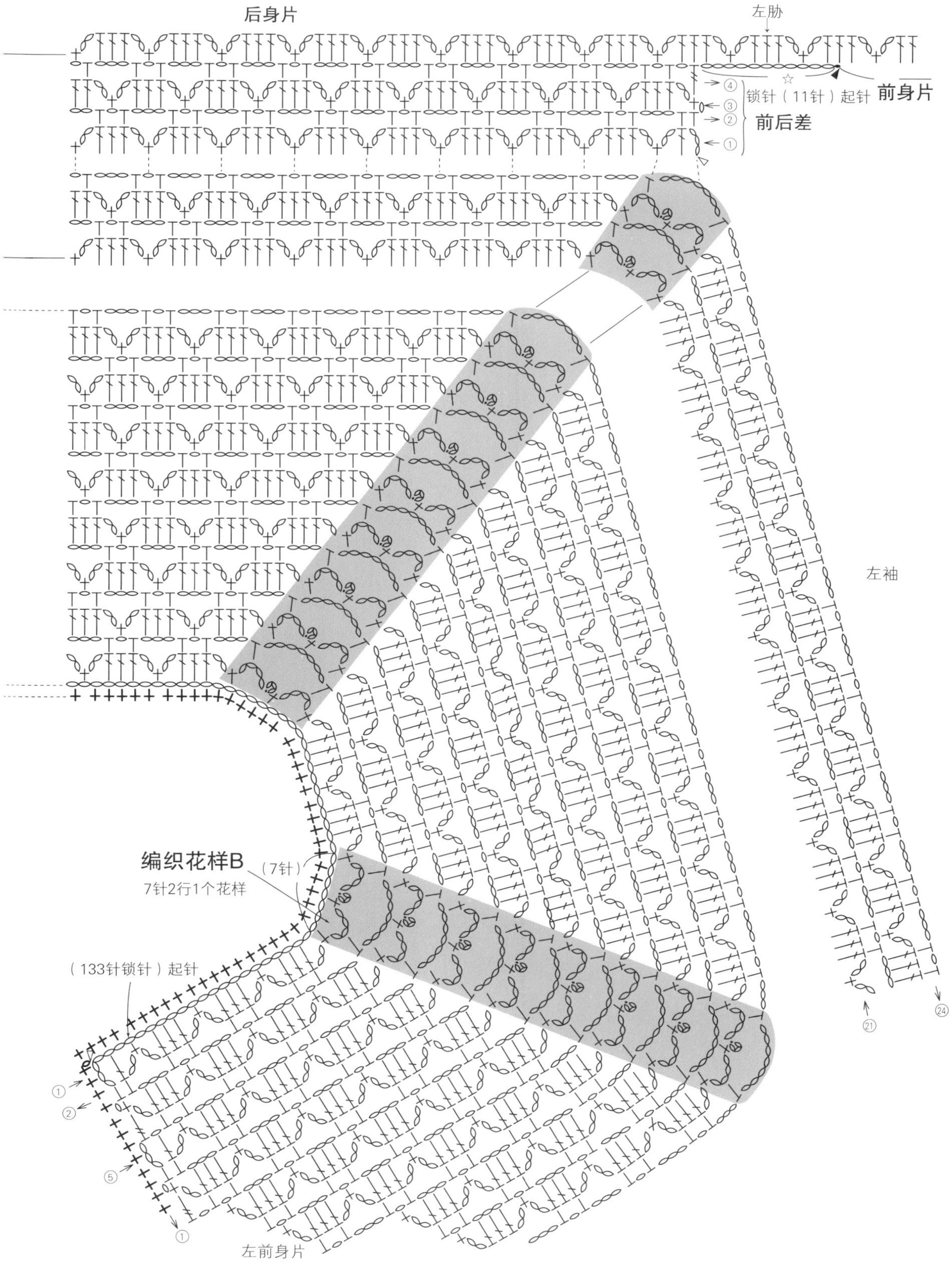
后身片
左胁
④
③
②
①
锁针（11针）起针
前身片
前后差
左袖
编织花样B
（7针）
7针2行1个花样
（133针锁针）起针
①
②
⑤
①
左前身片
㉑
㉔

编织花样A

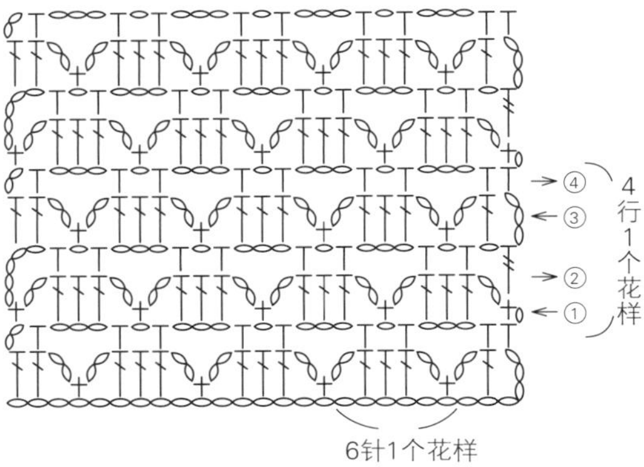

衣领（短针）

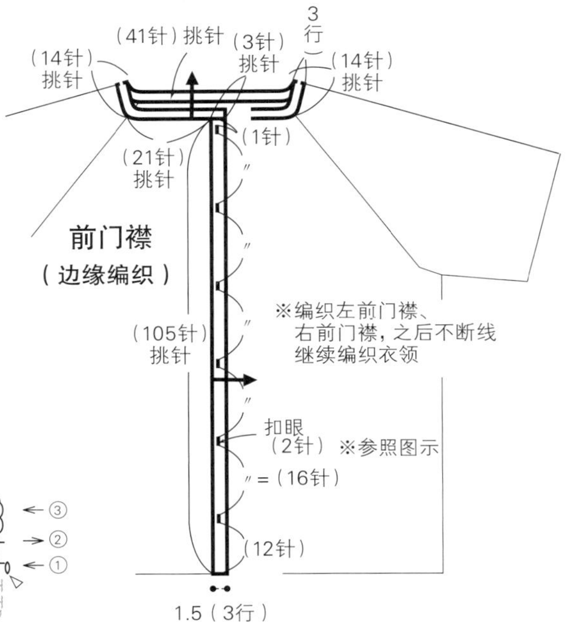

边缘编织及扣眼（右前门襟）

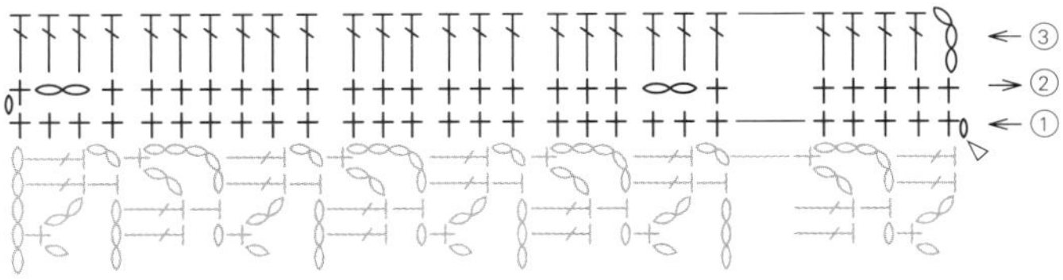

▷ =加线
► =断线

袖下的减针

※右袖对称挑针

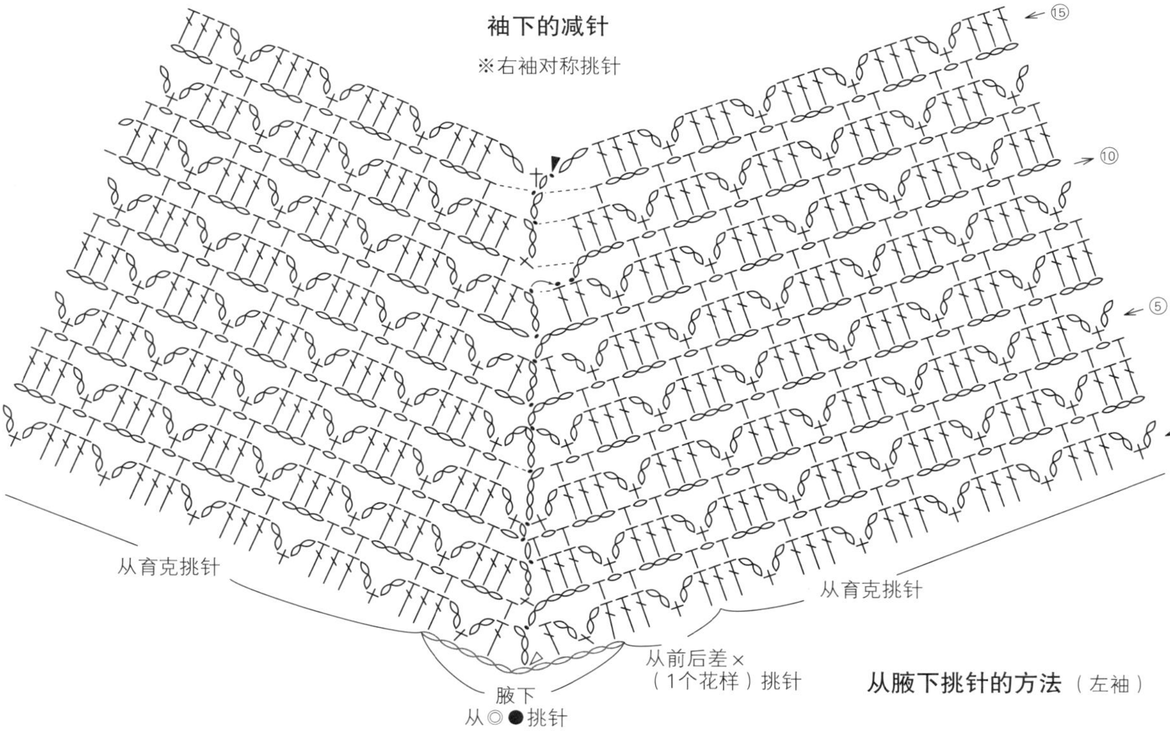

从腋下挑针的方法（左袖）

材料和工具
用线 和麻纳卡 Wash Cotton 灰粉色（17）360g/9 团
钩针 4/0 号

成品尺寸
胸围 96cm，衣长 49cm，连肩袖长 45.5cm

编织密度
编织花样 A 1 个花样 5.3cm，10cm 11 行

编织要点
育克…领窝锁针起针，连成环形，挑取锁针的里山，按照编织花样 A 开始编织。育克编织 22 行，参照图示加针。
身片…将育克分为身片和衣袖，接着育克编织左、右腋下。从育克和腋下挑针，将前、后身片连起来，按照编织花样 A 和 A’进行编织。接着按照边缘编织 A 环形编织。
衣袖…从育克和腋下挑针，同身片一样编织。
组合…衣领从起针处挑针，按照边缘编织 B 环形编织。

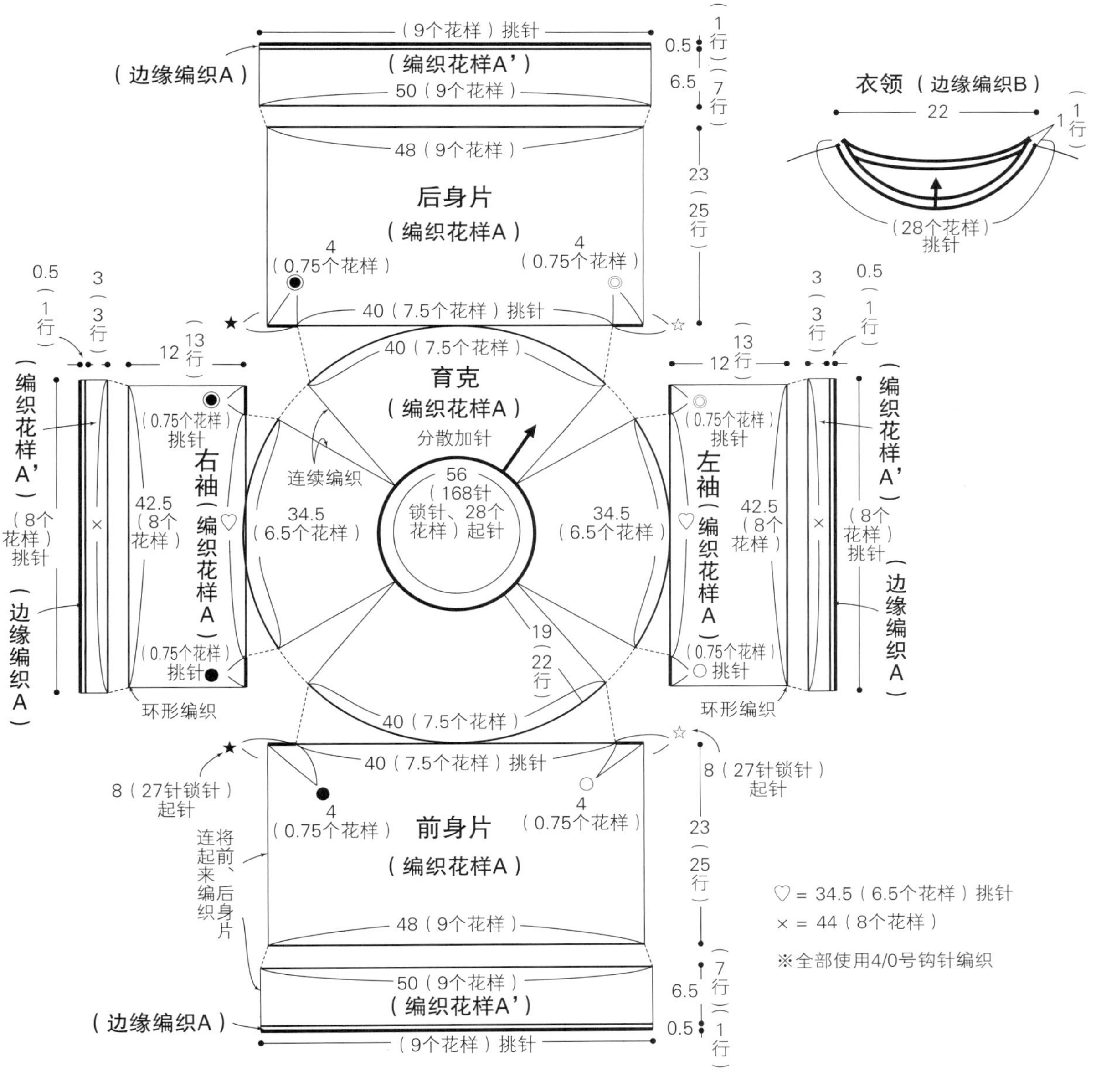

育克　编织花样A

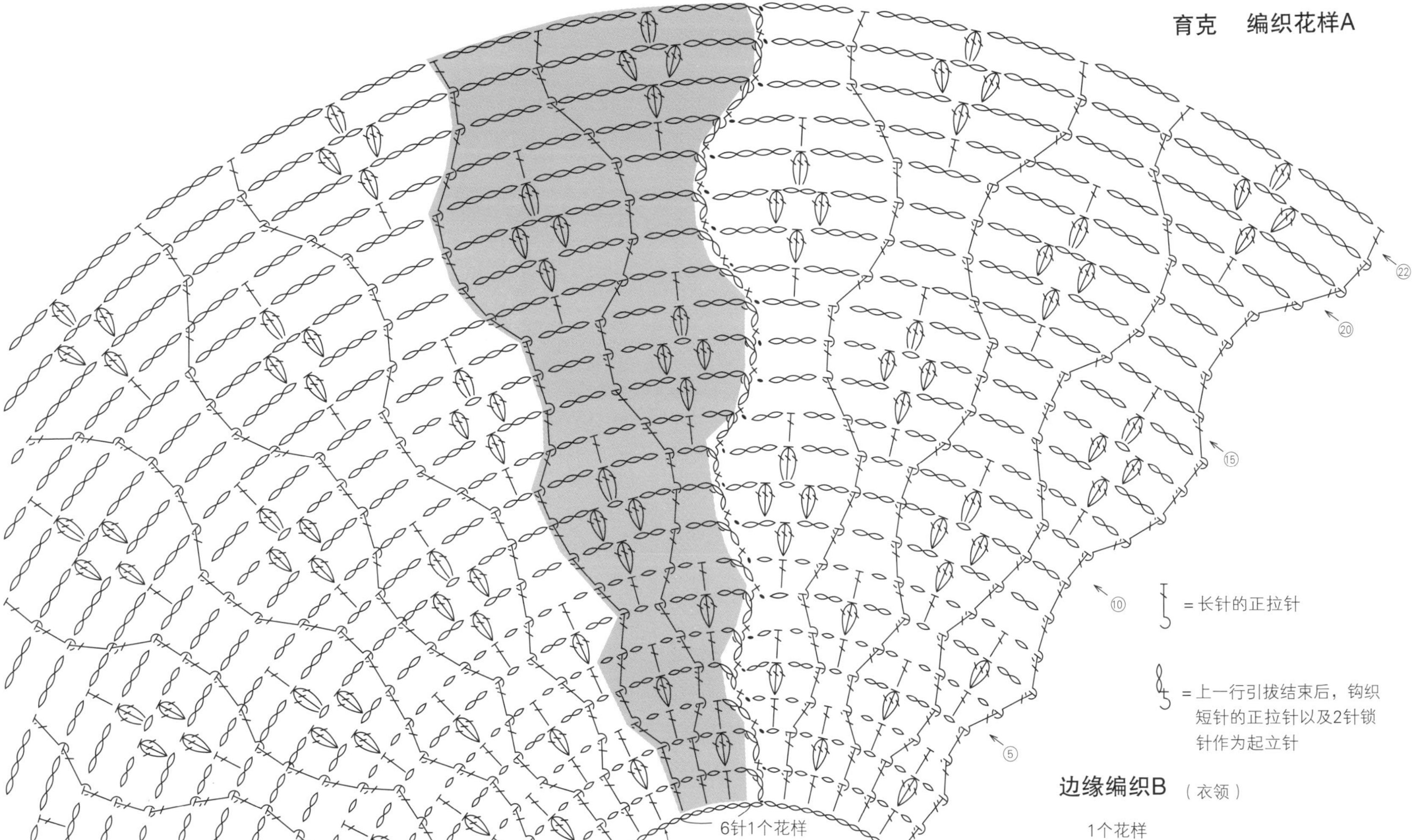

= 1个花样

▷ = 加线
► = 断线

= 长针的正拉针

= 上一行引拔结束后，钩织短针的正拉针以及2针锁针作为起立针

边缘编织B（衣领）

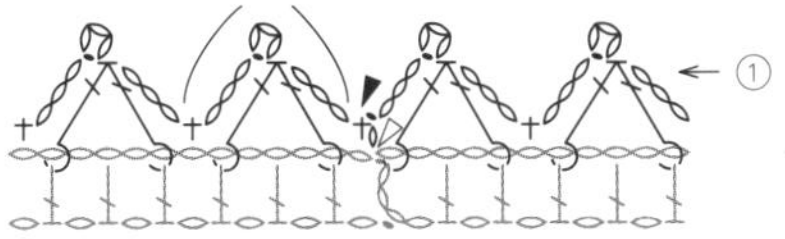

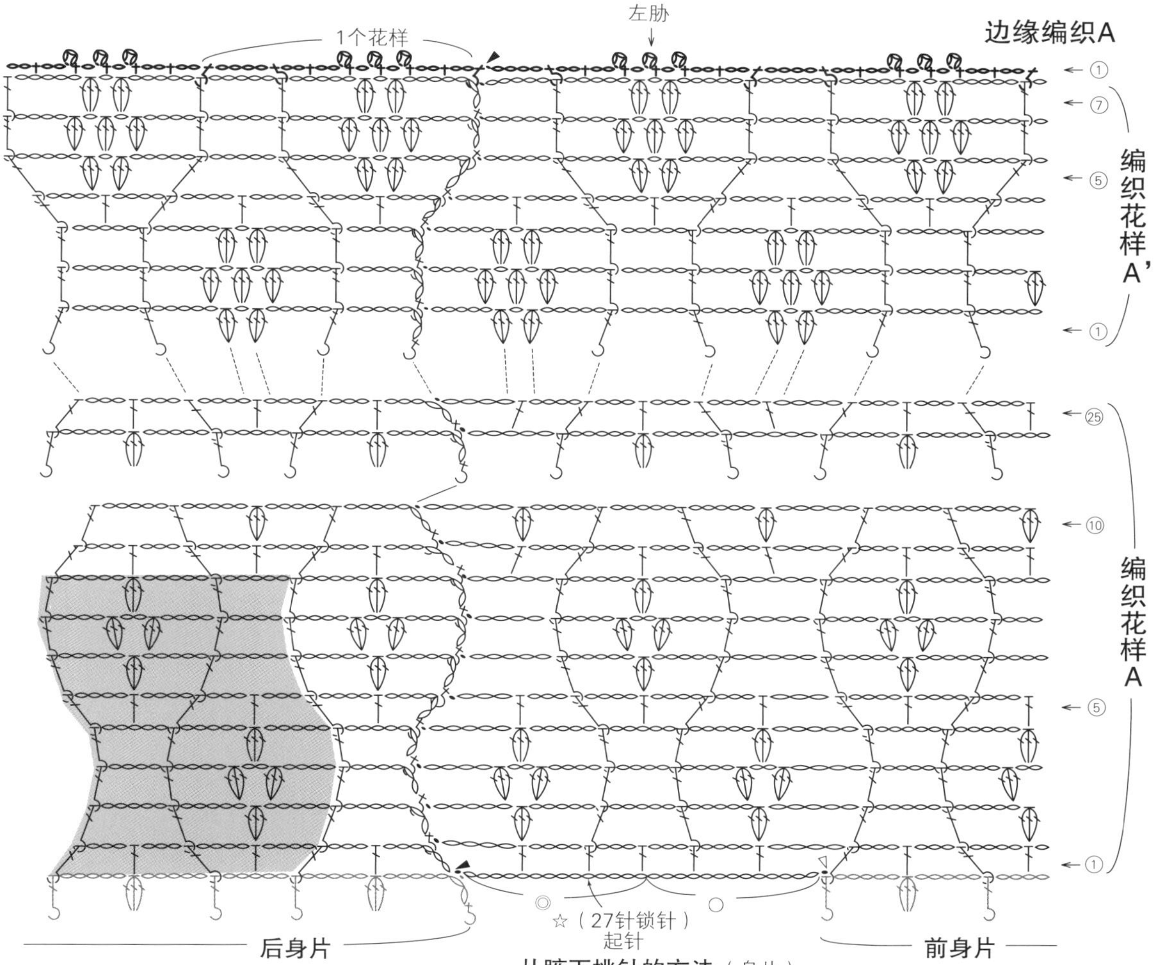

从腋下挑针的方法（身片）

= 1个花样　▷ = 加线
▶ = 断线

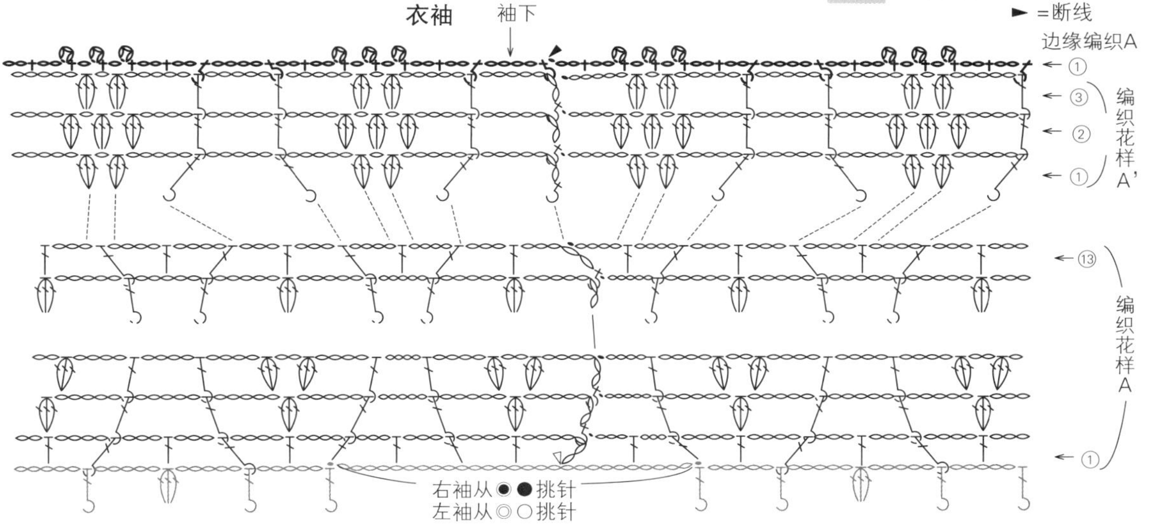

从腋下挑针的方法（衣袖）

材料和工具

用线 和麻纳卡 Wash Cotton 浅米色（3）300g/8 团

钩针 4/0 号

成品尺寸

胸围 96cm，衣长 51.5cm，连肩袖长 24cm

编织密度

10cm×10cm 面积内：编织花样 A 27 针，13 行

编织花样 B 1 个花样 5.3cm，10cm11 行

编织要点

育克…领窝锁针起针后，挑取锁针的里山，按照编织花样 A 开始编织。育克在插肩线加针。

身片…按照编织花样 A，往返编织 5 行后身片的前后差。连续编织腋下的 11 针锁针和前身片的 1 行前后差。从腋下、前后差、育克挑针，按照编织花样 B 环形编织，然后编织边缘。

袖下…在袖下加线，从腋下、前后差、育克挑针，按照编织花样 A 和长针进行编织。

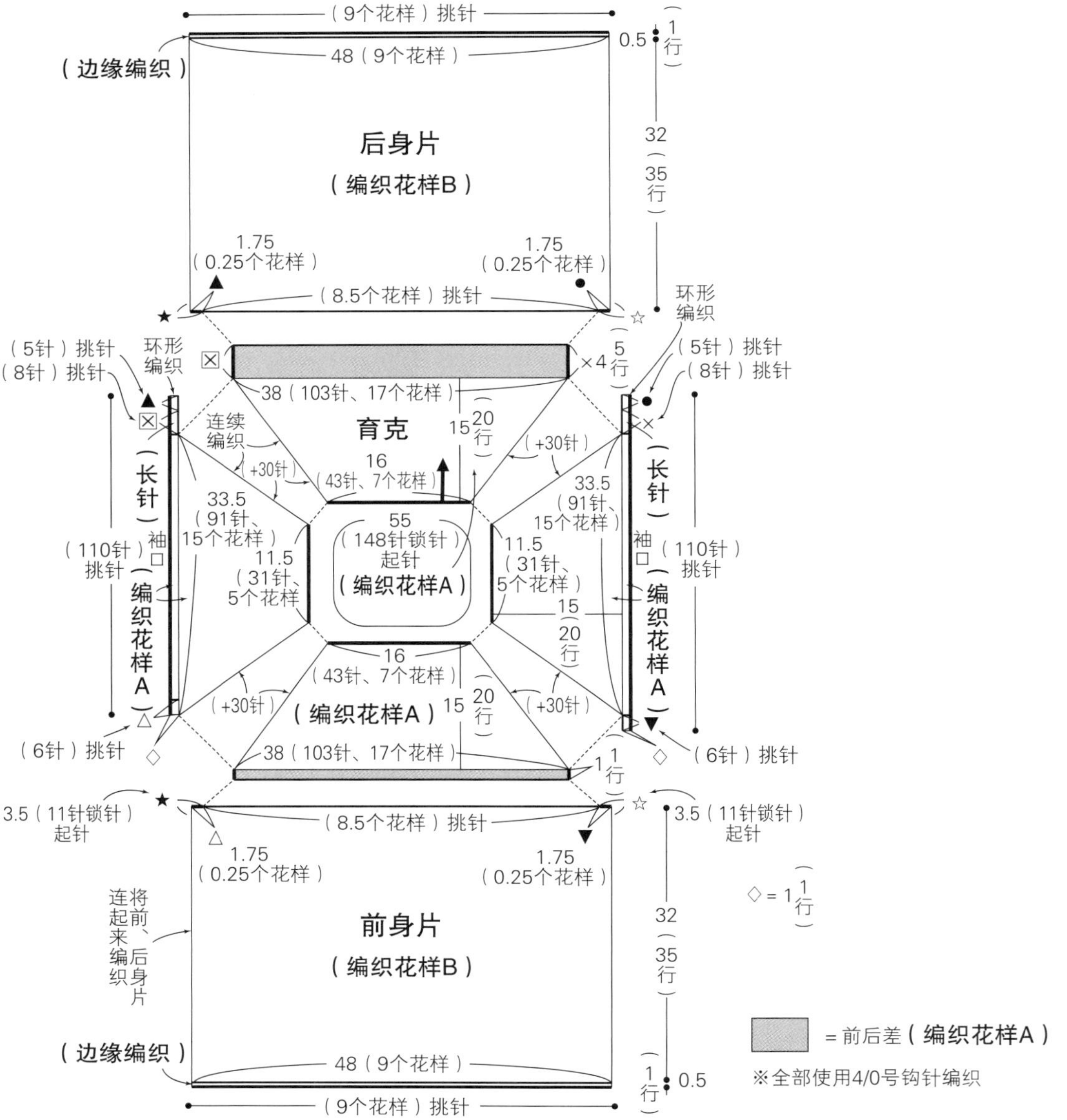

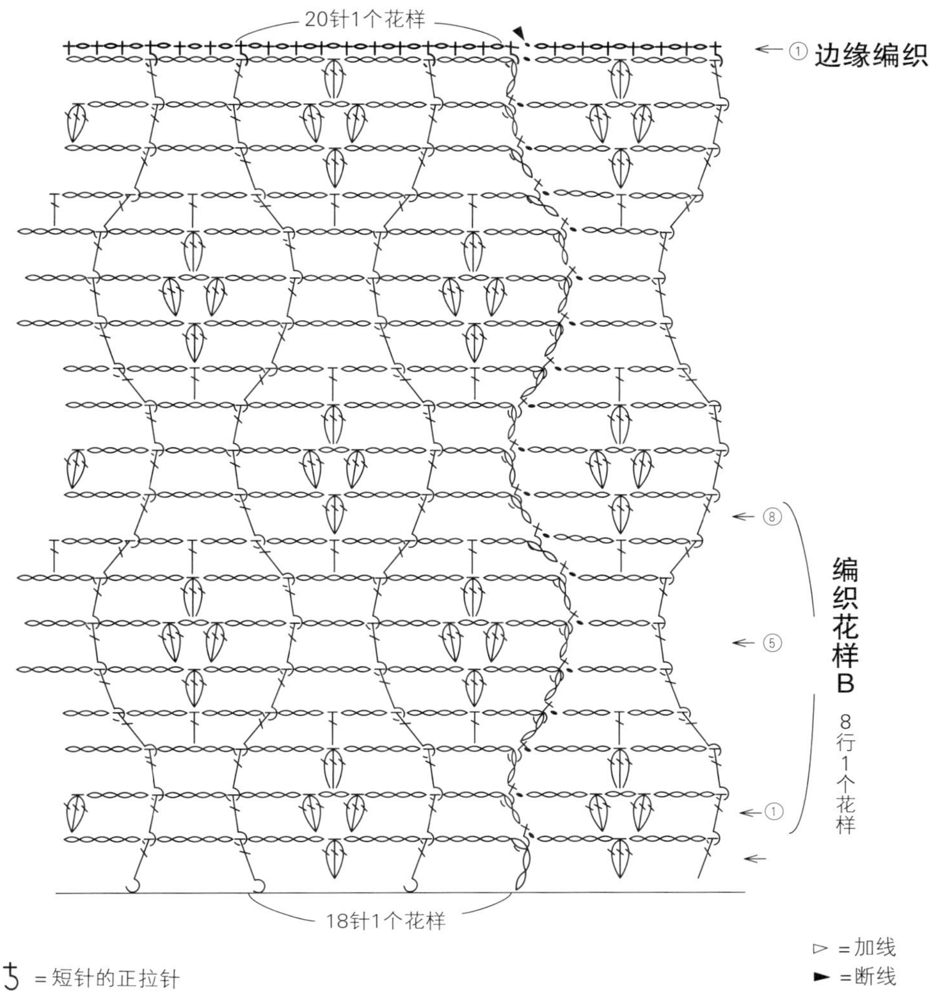

袖口从腋下挑针的方法

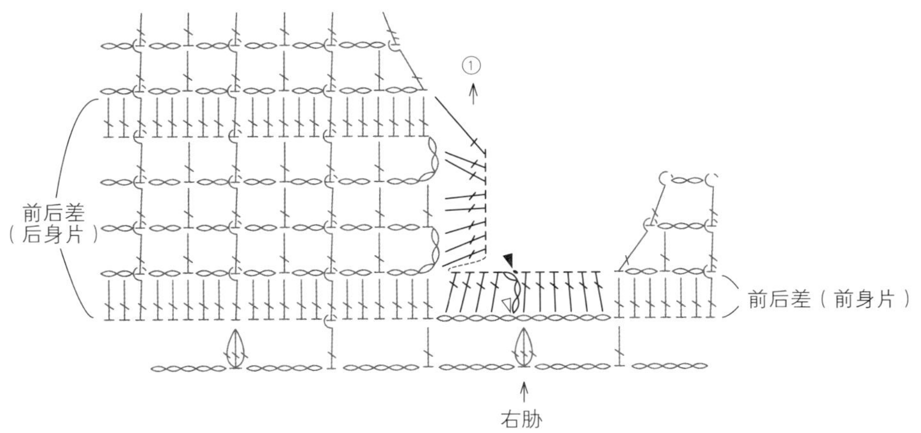

※接着编织袖口的编织花样A

※身片第1行两肋的 的左右的 要编织成

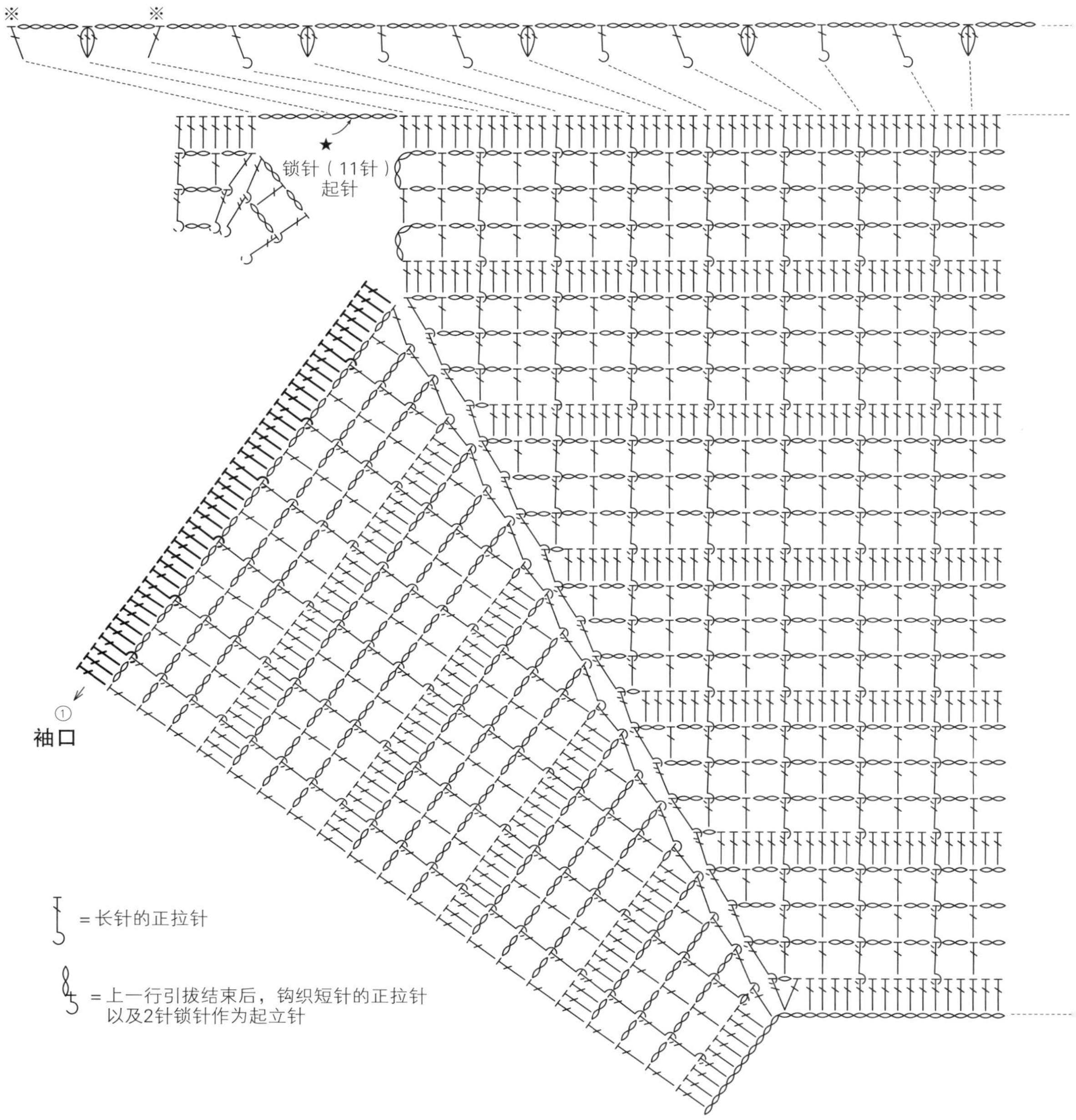

= 长针的正拉针

= 上一行引拔结束后，钩织短针的正拉针
以及2针锁针作为起立针

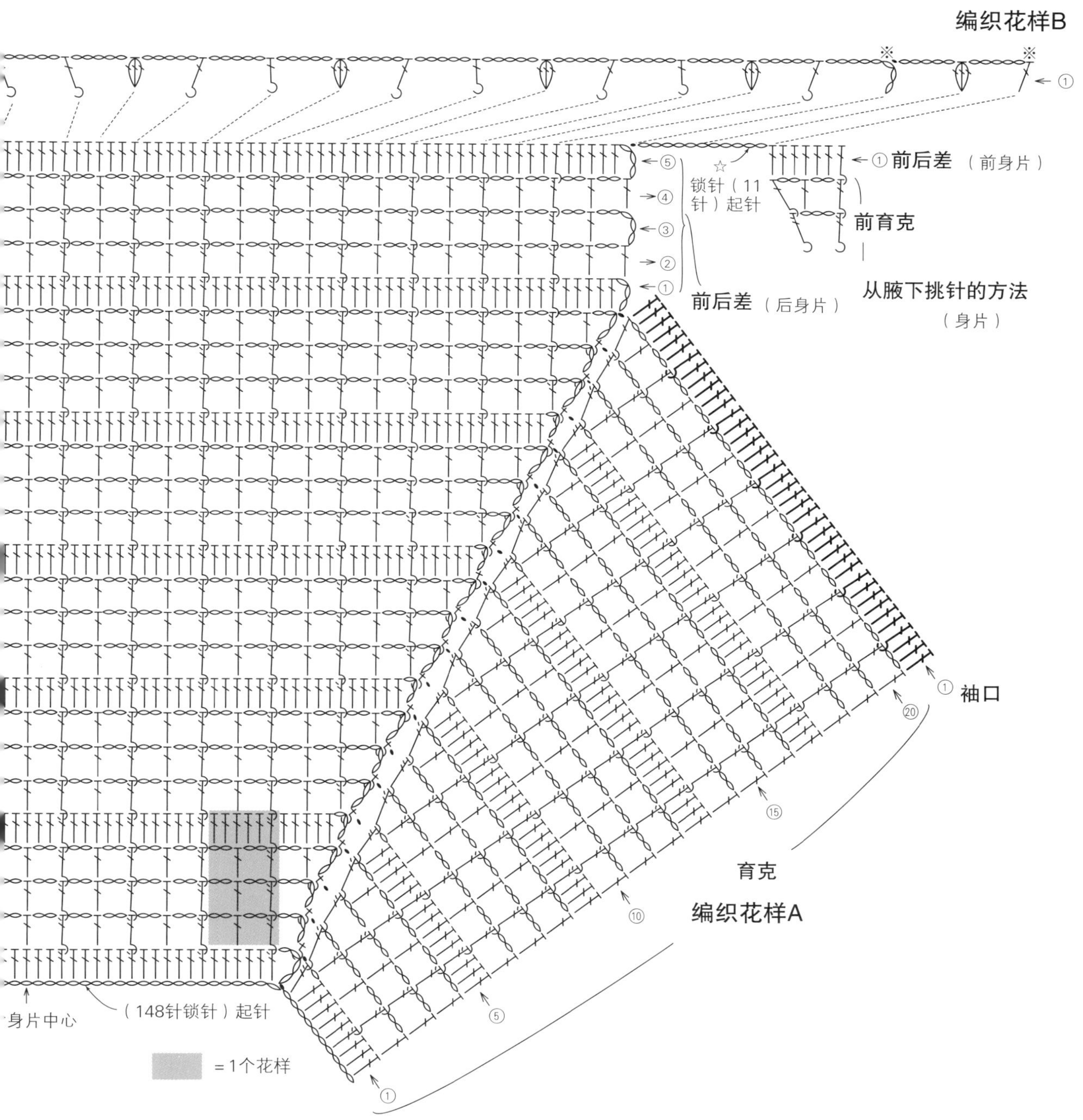
编织花样B
※
※
①
①
前后差（前身片）
⑤
④
③
②
①
☆
锁针（11针）起针
前育克
前后差（后身片）
从腋下挑针的方法
（身片）
①
袖口
⑳
⑮
育克
编织花样A
⑩
⑤
①
身片中心
（148针锁针）起针
=1个花样

15

材料和工具

用线　和麻纳卡 Wash Cotton Crochet　浅灰色（132）320g/13 团

钩针　3/0 号

成品尺寸

胸围 100cm，衣长 46cm，连肩袖长 39.5cm

编织密度

10cm×10cm 面积内：编织花样 B 28 针（7 个花样），12 行

编织要点

育克…领窝锁针起针后，挑取锁针的里山，按照编织花样 A 编织 12 行。接着按照编织花样 B 一边在 4 处加针一边编织 13 行。

身片…将育克分为前、后身片和衣袖，往返编织 4 行后身片的前后差。从腋下、前后差、育克挑针，按照编织花样 B 环形编织，下摆按照编织花样 A 进行编织。

衣袖…从腋下、前后差、育克挑针，一边在袖下减针一边按照编织花样 B 环形编织，袖口做编织花样 A。

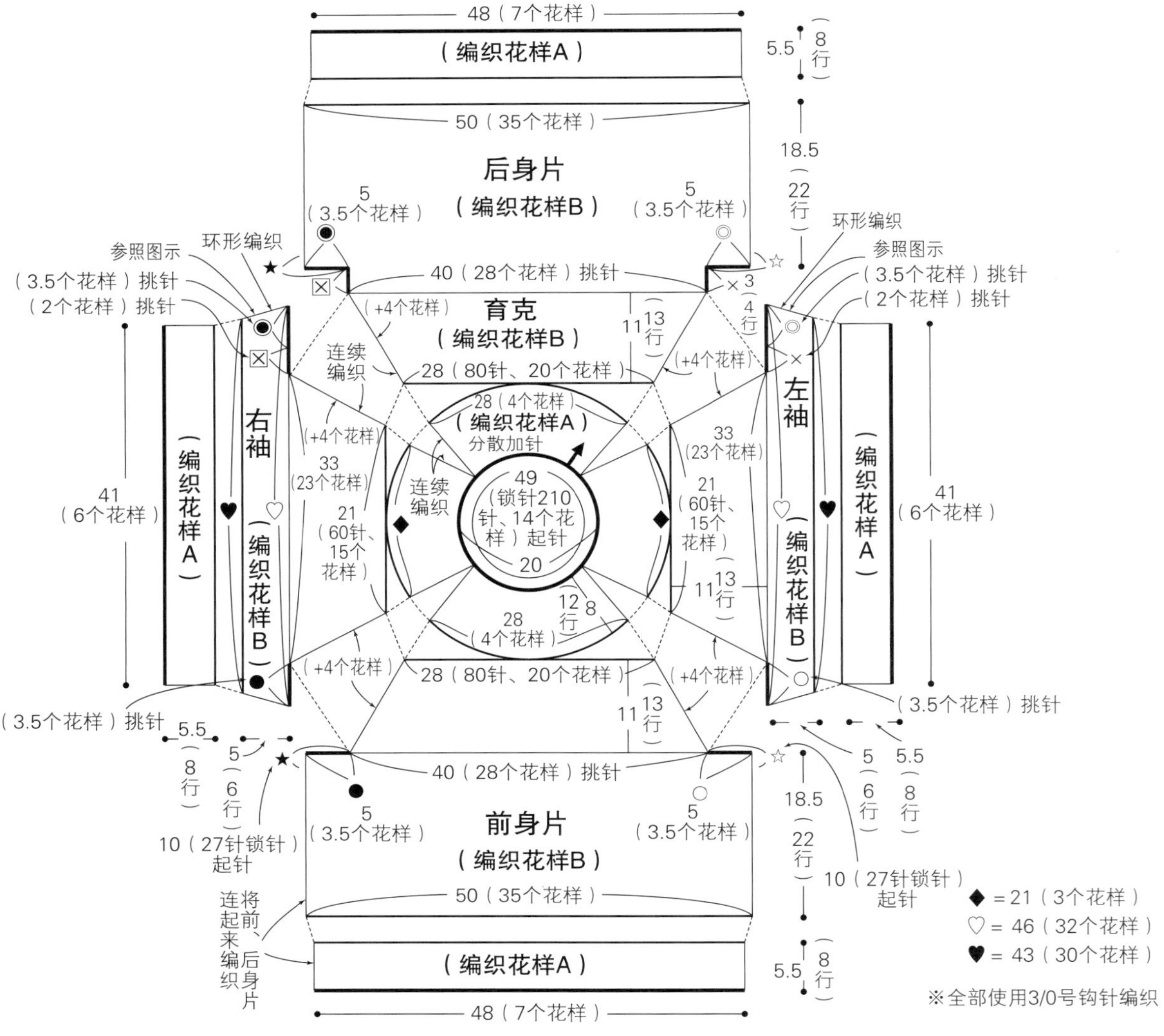

※全部使用3/0号钩针编织

编织花样A（下摆）

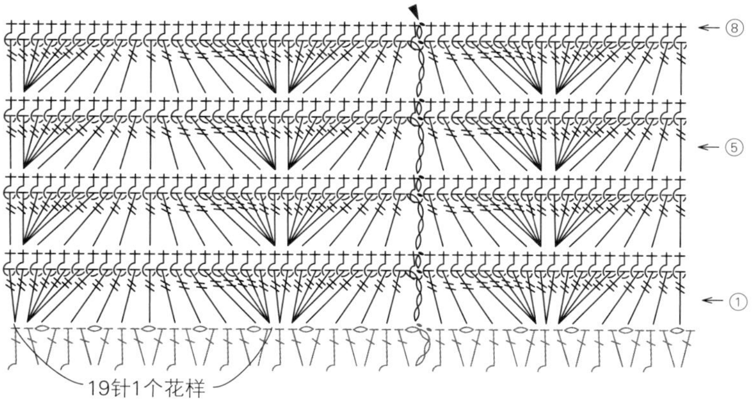

编织花样A（袖口）

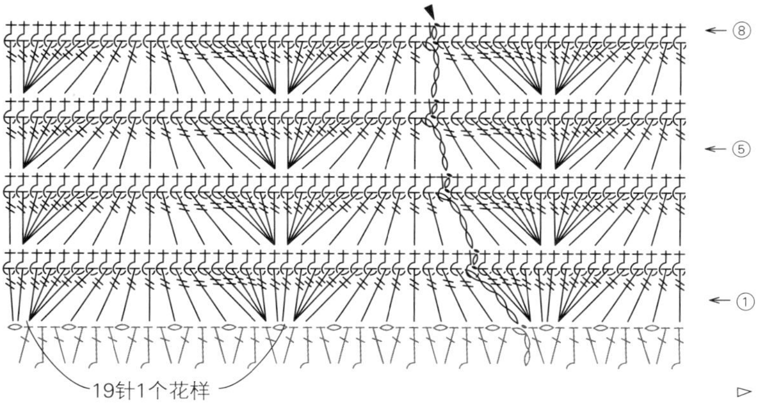

▷ =加线
► =断线

右袖下的减针

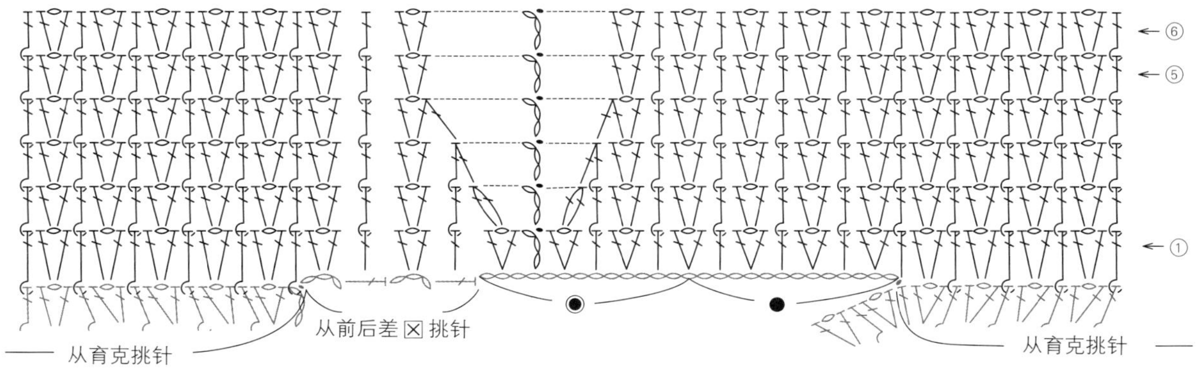

从腋下挑针的方法（衣袖）

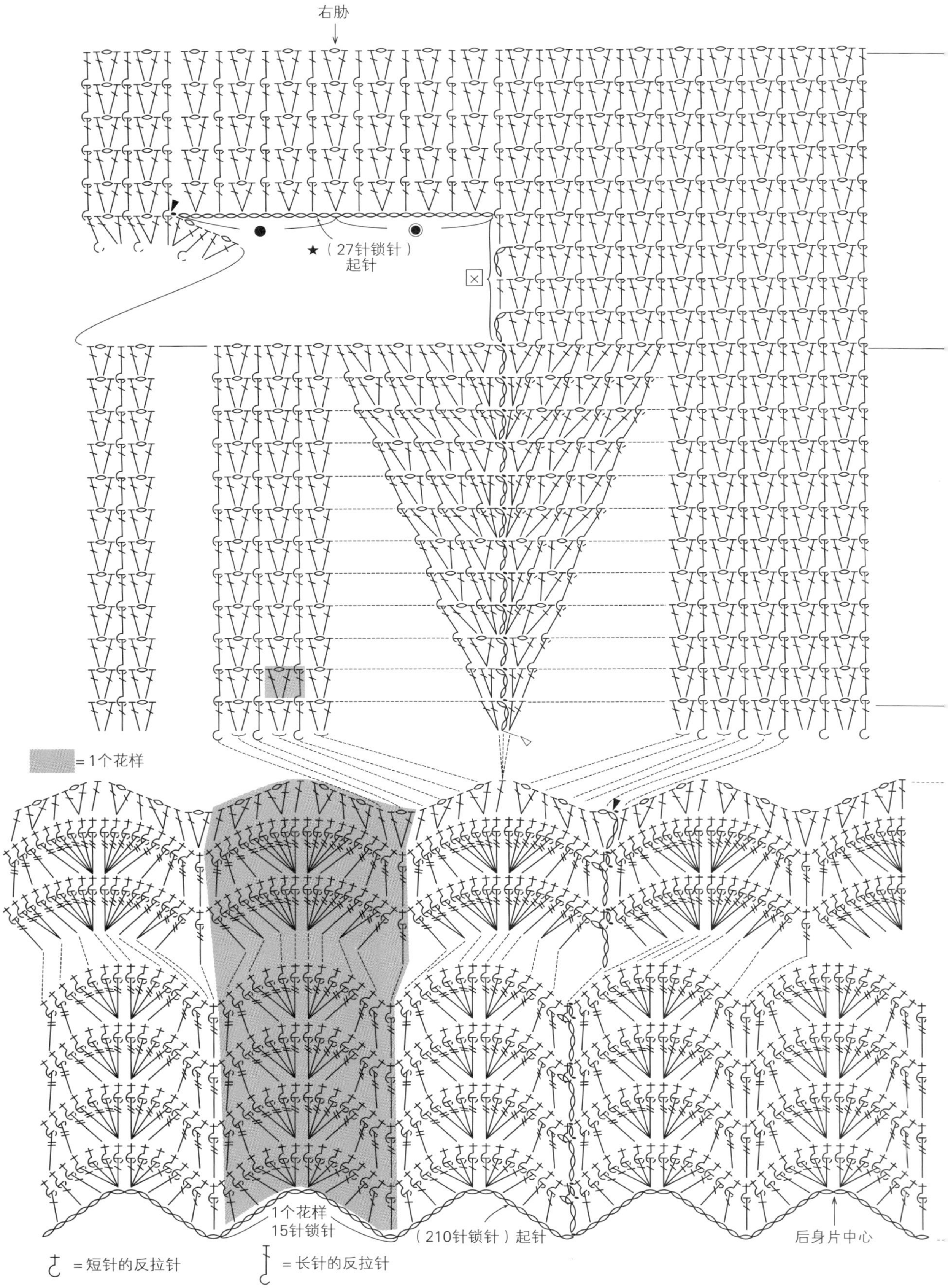

右肋
★（27针锁针）
起针
= 1个花样
1个花样
15针锁针
（210针锁针）起针
后身片中心
= 短针的反拉针
= 长针的反拉针

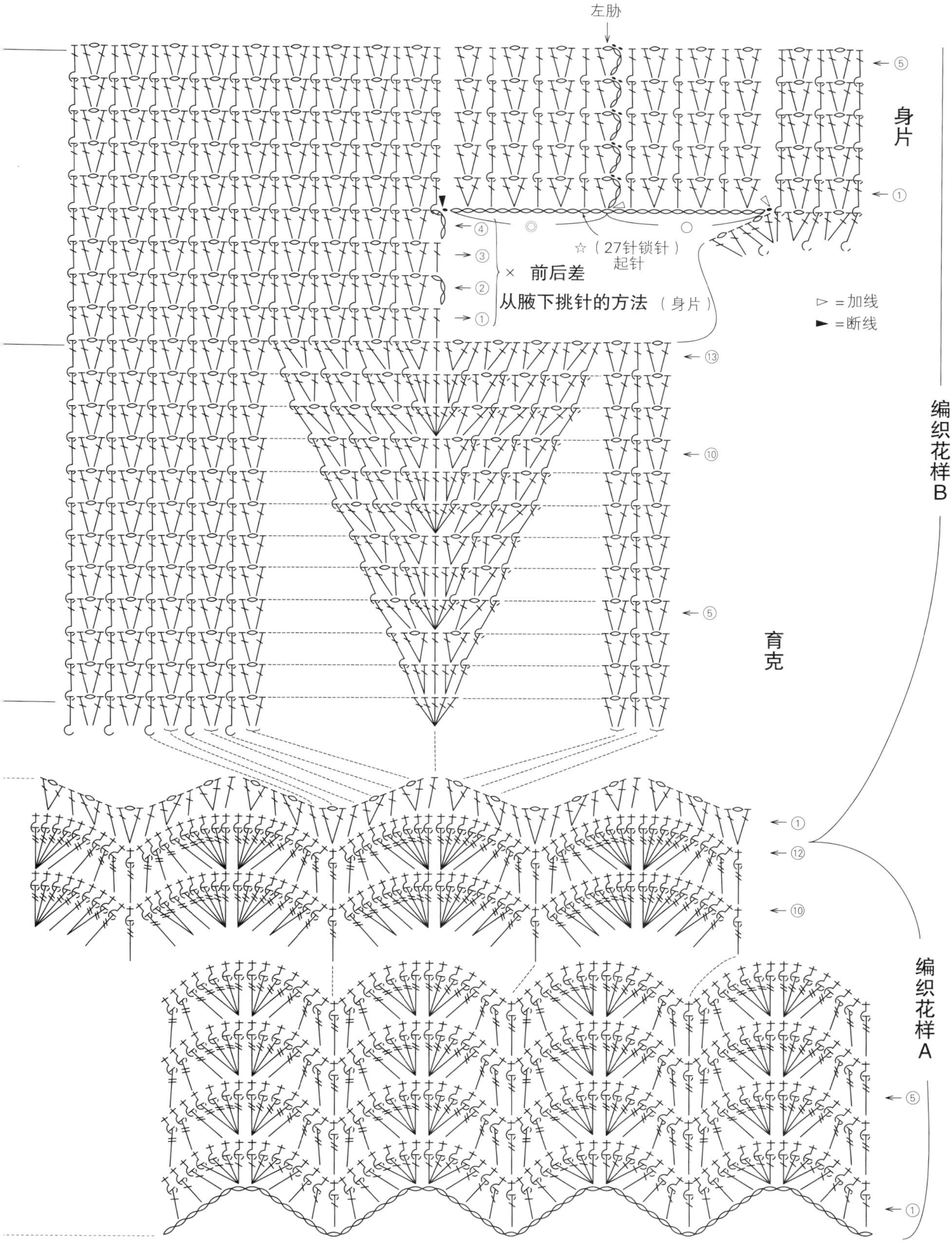

左胁
⑤
身片
①
④
③
②
①
☆（27针锁针）
起针
◎
○
× 前后差
从腋下挑针的方法（身片）
▷ =加线
► =断线
⑬
⑩
⑤
编织花样B
育克
①
⑫
⑩
编织花样A
⑤
①

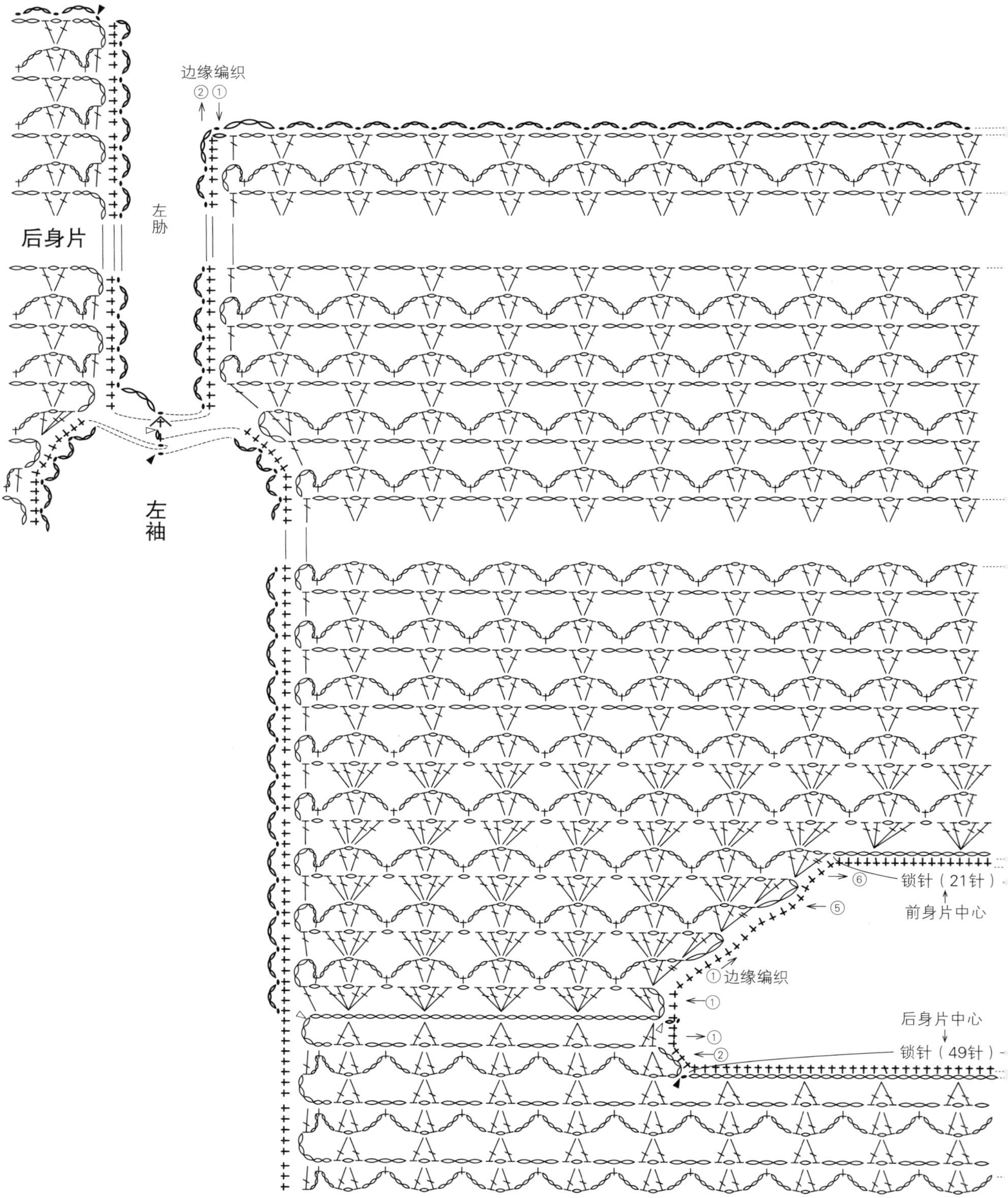
边缘编织
②①
左胁
后身片
左袖
锁针（21针）
前身片中心
⑥
⑤
①边缘编织
①
①
②
后身片中心
锁针（49针）

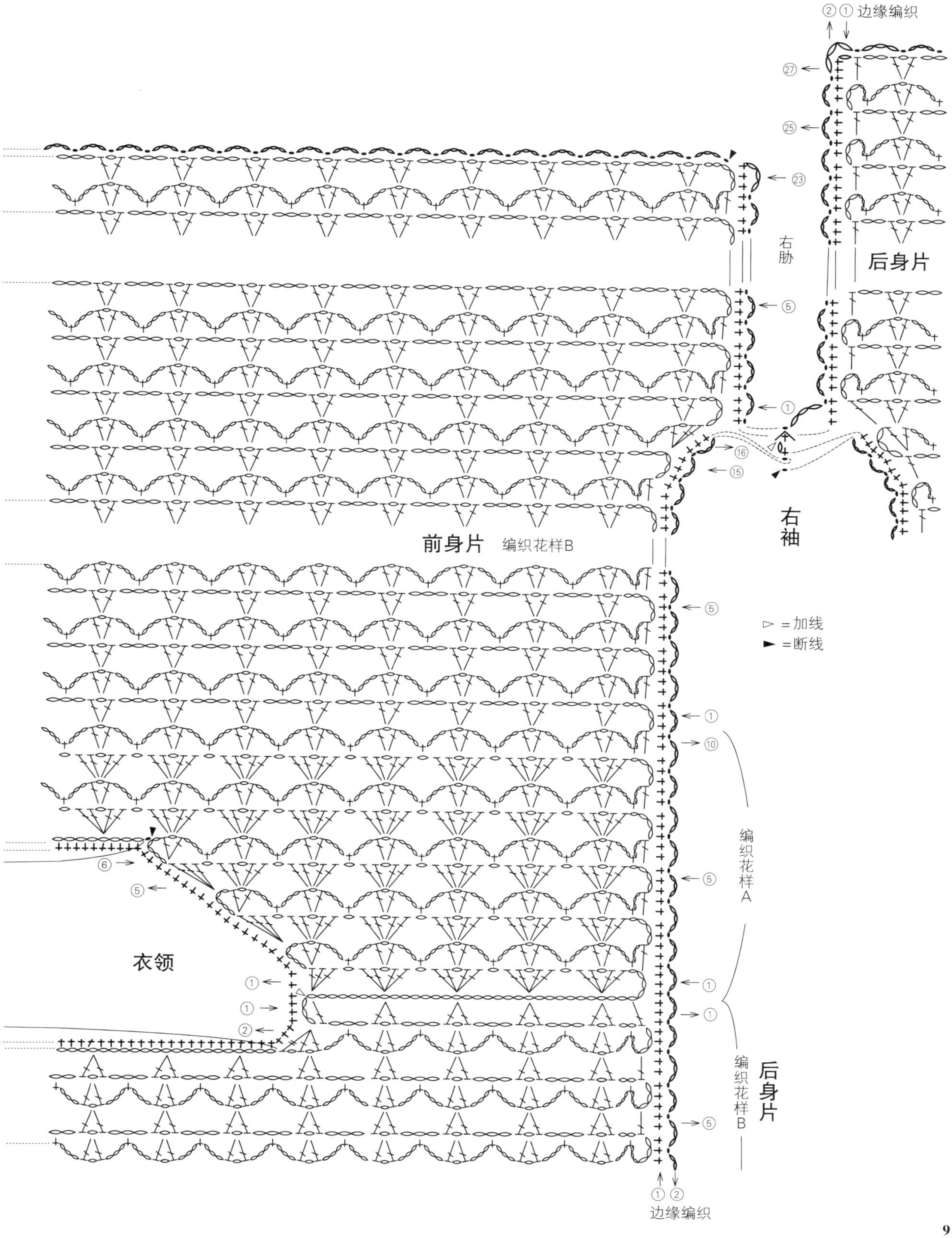
② ① 边缘编织
㉗
㉕
㉓
右胁
后身片
⑤
①
⑯
⑮
右袖
前身片
编织花样B
⑤
▷ =加线
► =断线
①
⑩
编织花样A
⑥
⑤
⑤
衣领
①
①
①
①
②
编织花样B
后身片
⑤
① ②
边缘编织

16

图片… p.34

材料和工具

用线　和麻纳卡　弥生　蓝色、绿色混合系（5）125g/5 团

钩针　5/0 号

成品尺寸

胸围 96cm，肩宽 45cm，衣长 53.5cm

编织密度

10cm×10cm 面积内：编织花样 A、B 均为 27.5 针（4 个花样），10 行

编织要点

身片…右前肩锁针起针后，挑取锁针的里山和半针 2 根线，按照编织花样 A 编织 6 行。同样在左前肩编织 6 行，接着在中间钩织 21 针锁针，在右前身片引拔后断线。编织花样 A 和 B 按照图示编织。后身片从前肩挑针，参照图示按照编织花样 B 进行编织。前、后身片编织完成后，暂停编织休线。

组合…从后身片编织结束处开始编织右肋的边缘，接着编织后身片的下摆。同样地，从前身片编织结束处开始编织左肋的边缘，接着编织前身片的下摆。分别在衣领和袖口挑针，环形编织边缘。

身片的编织方法参见 p.90，p.91

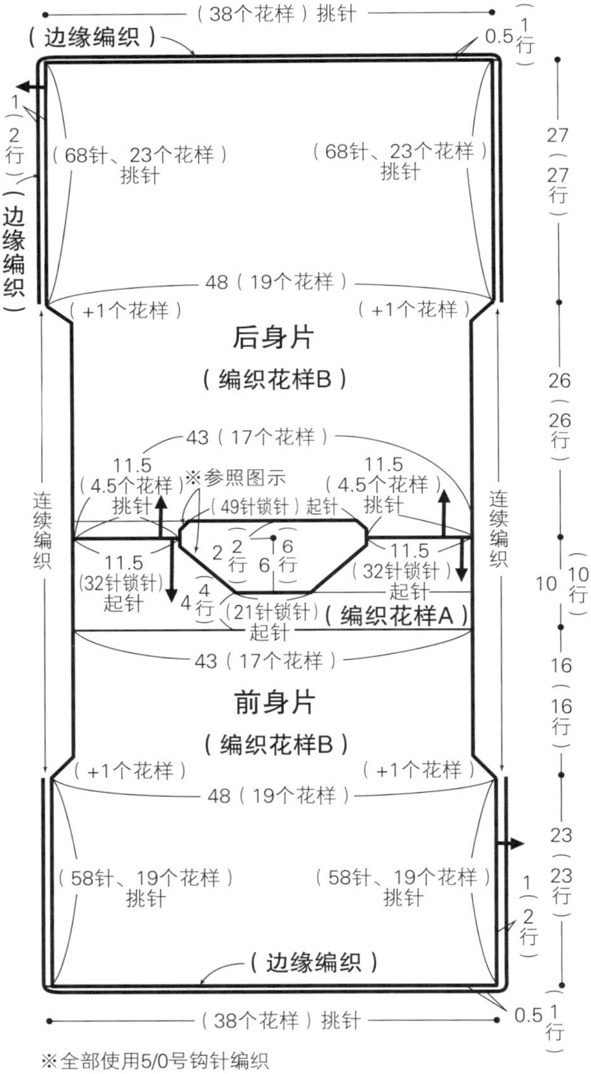

※全部使用5/0号钩针编织

※下摆的边缘接着肋部的第2行编织即可

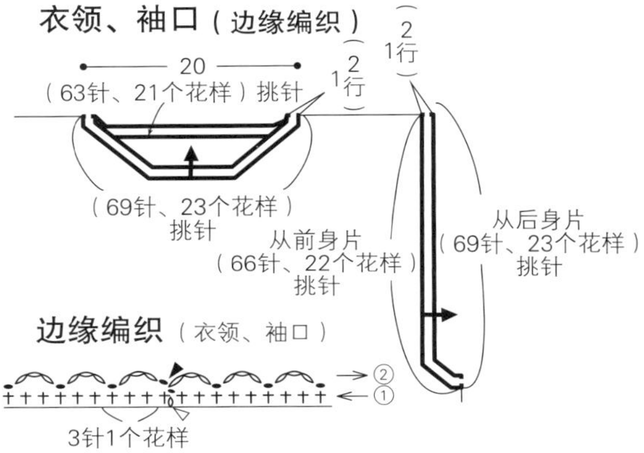

▷ =加线

► =断线

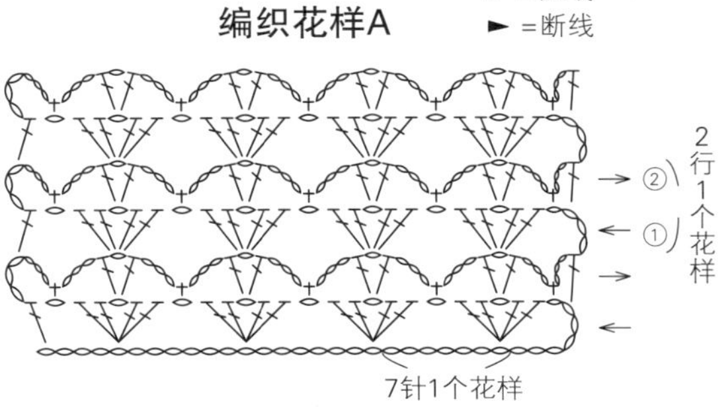

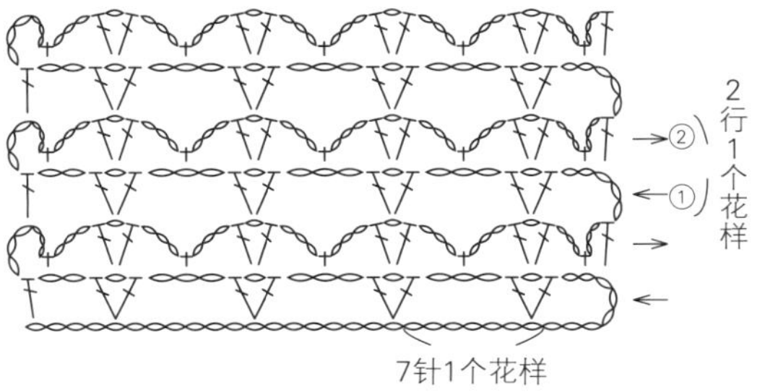

材料和工具

用线 和麻纳卡 春夏秋冬 灰色（2）110g、黑色（9）105g/ 各 5 团

钩针 5/0 号

成品尺寸

胸围 109cm，衣长 47.5cm，连肩袖长 27.75cm

编织密度

10cm×10cm 面积内：条纹花样 22 针，10 行

编织要点

身片…右后肩锁针起针后，挑取锁针的里山和半针 2 根线，按照条纹花样编织 2 行。同样在左后肩编织 2 行，接着编织中间的 48 针锁针，在右后肩引拔后，一直编织至袖开口止位。前肩从后肩挑针，同后身片一样编织。从袖开口止位开始环形往返编织前、后身片。接着环形编织下摆的短针。

组合…衣领和袖口分别挑针，环形编织 2 行短针。

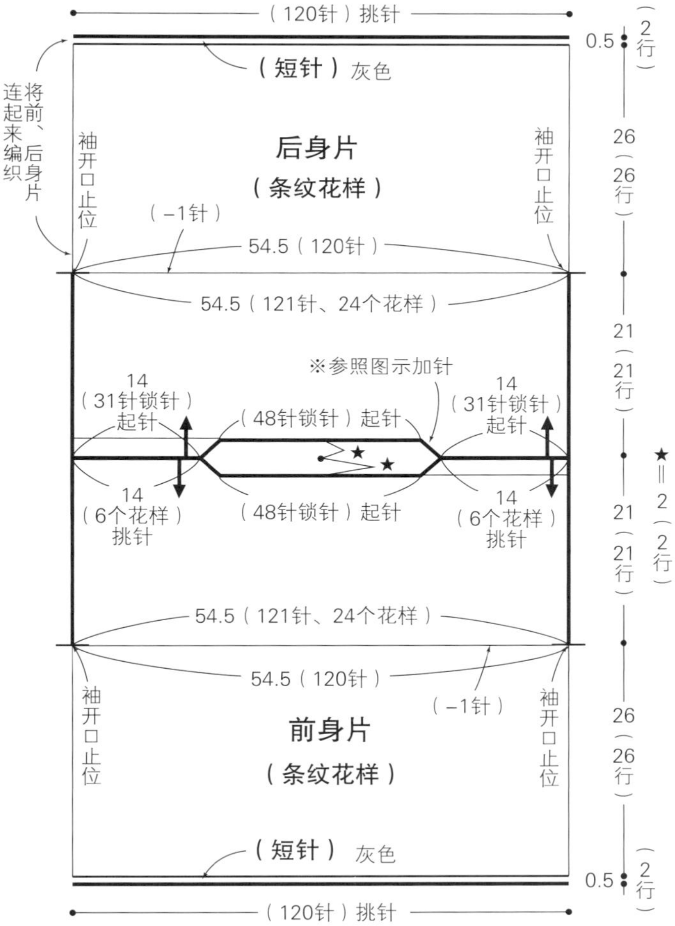

※全部使用5/0号钩针编织

条纹花样

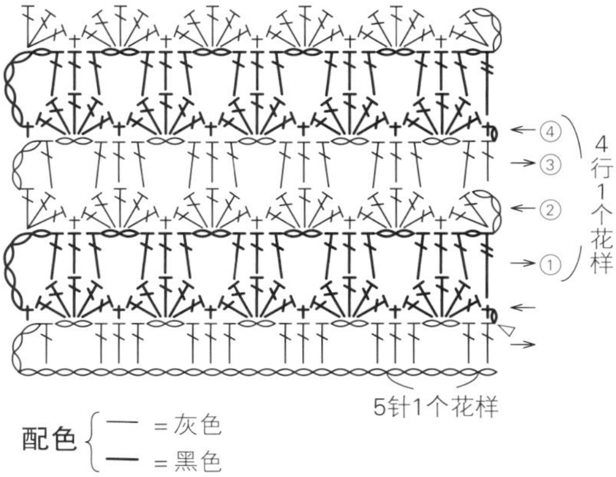

衣领、袖口（短针）灰色

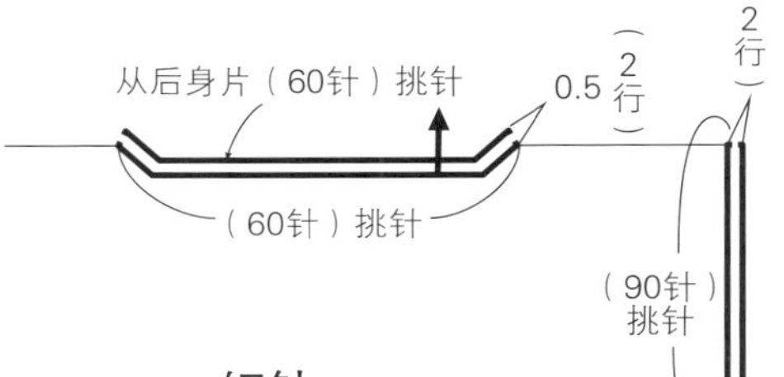

短针

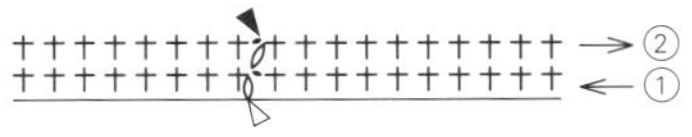

▷ ＝加线

► ＝断线

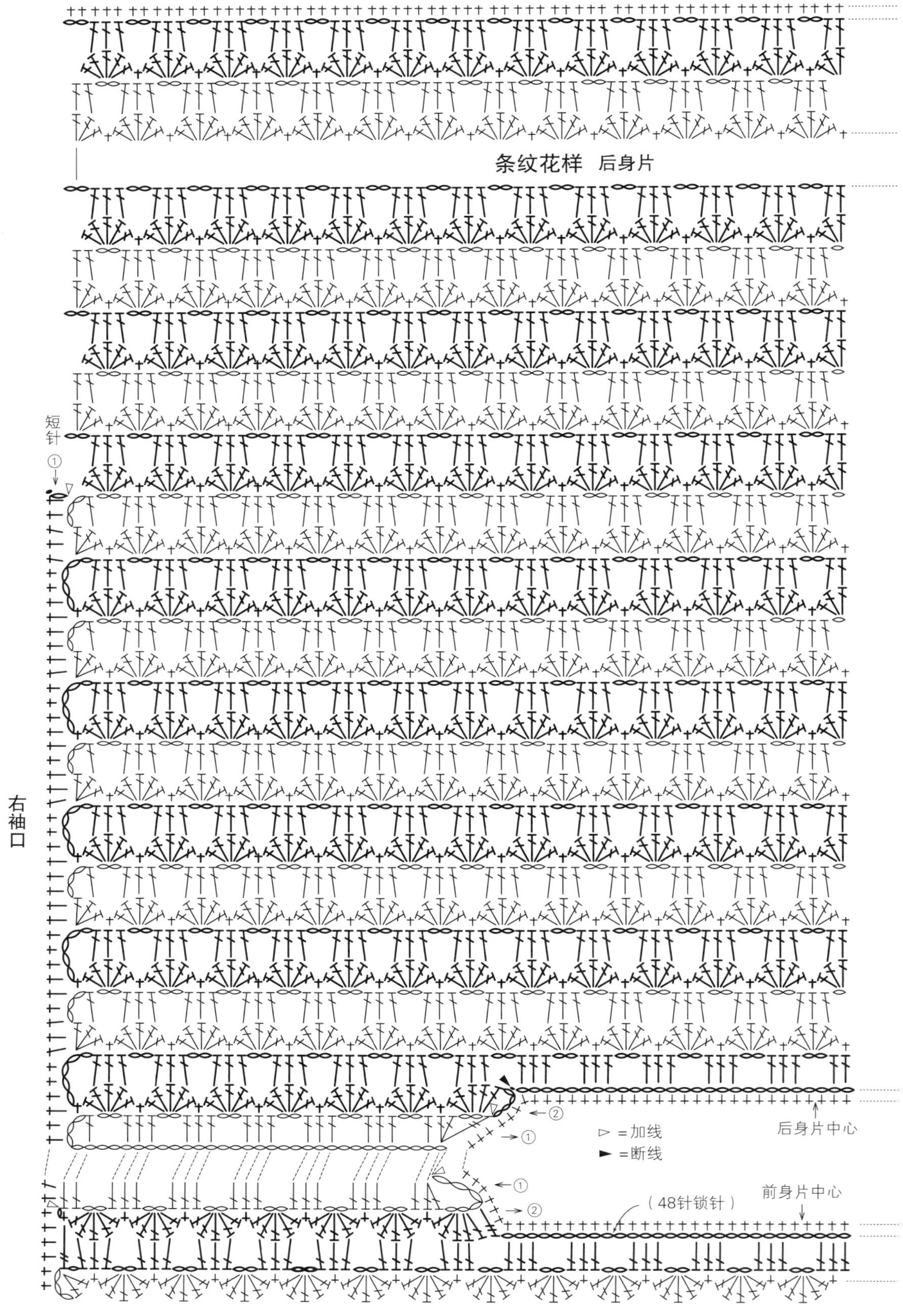
条纹花样 后身片
短针
①
右袖口
②
①
▷ =加线
► =断线
后身片中心
①
②
（48针锁针）
前身片中心

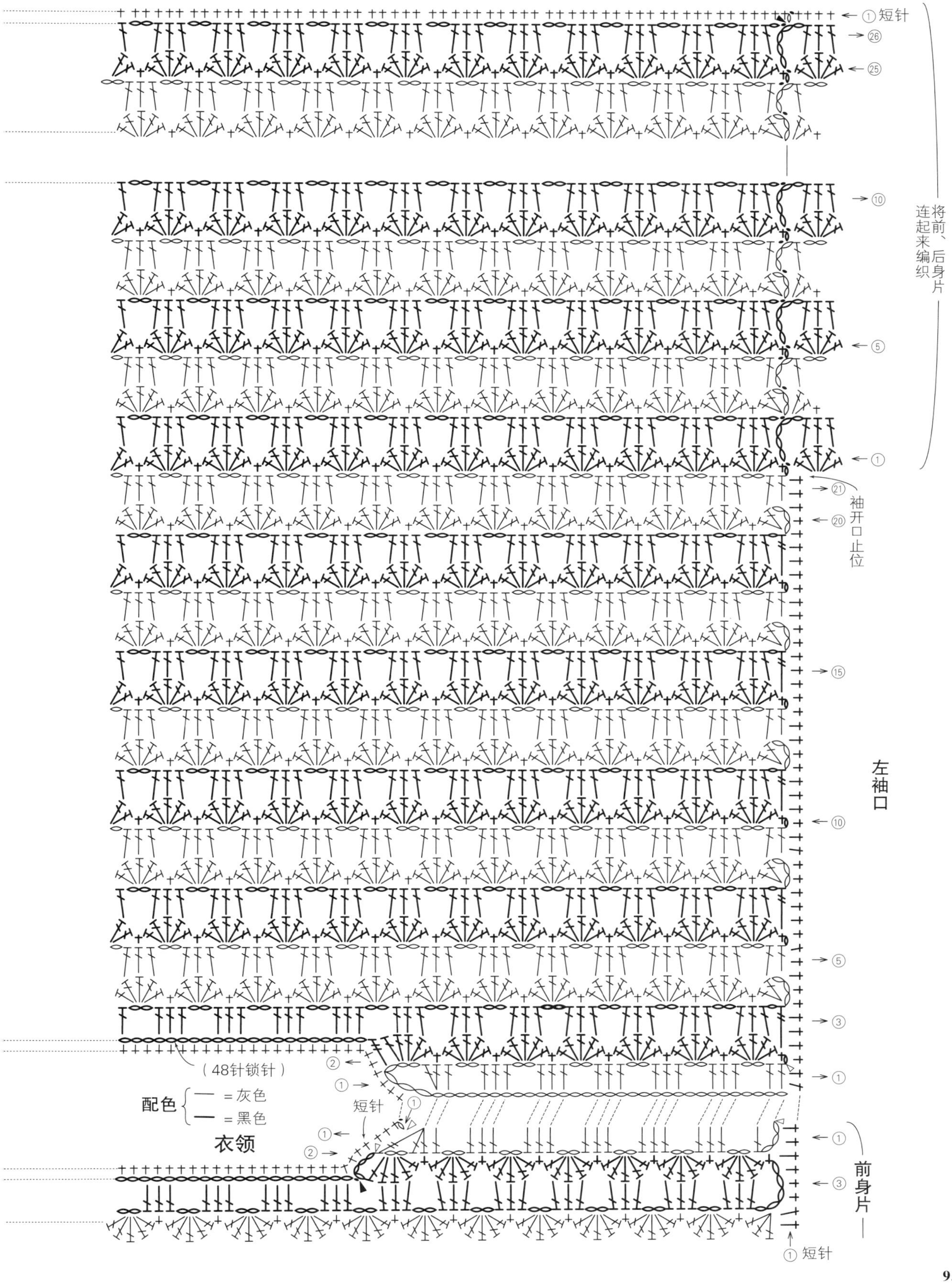

①短针
㉖
㉕
⑩
⑤
①
将前、后身片连起来编织
㉑
⑳
袖开口止位
⑮
⑩
⑤
③
①
左袖口
(48针锁针)
②
①
短针
①
①
②
①
③
前身片
①短针
配色
= 灰色
= 黑色
衣领

18

图片… p.37

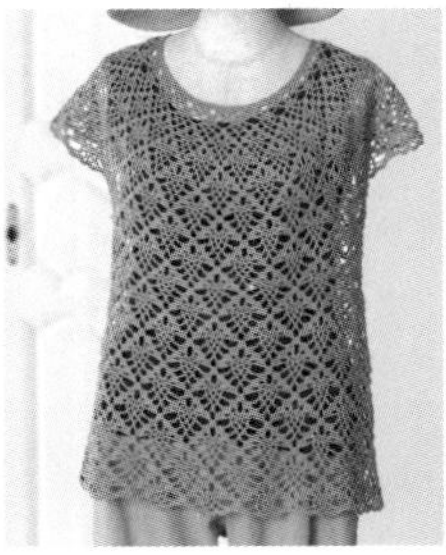

材料和工具

用线　和麻纳卡 Washable Linen　浅褐色（4）210g/9 团

钩针　3/0 号

成品尺寸

胸围 100cm，衣长 57cm，连肩袖长 30cm

编织密度

编织花样　1 个花样 7.1cm，10cm12.5 行

编织要点

育克…领窝锁针起针连成环形，挑取锁针的里山，按照编织花样开始编织。育克的加针参照图示，环形往返编织。

身片…将育克分为身片和衣袖，在后身片编织 8 行前后差。在左、右腋下编织 22 针锁针，从育克和腋下挑针，环形编织前、后身片。下摆按照边缘编织 A 进行编织。

组合…从腋下、前后差、育克挑取袖口的针目，参照图示按照短针和边缘编织 A 进行编织。衣领从起针处挑针，按照边缘编织 B 进行编织。

编织花样

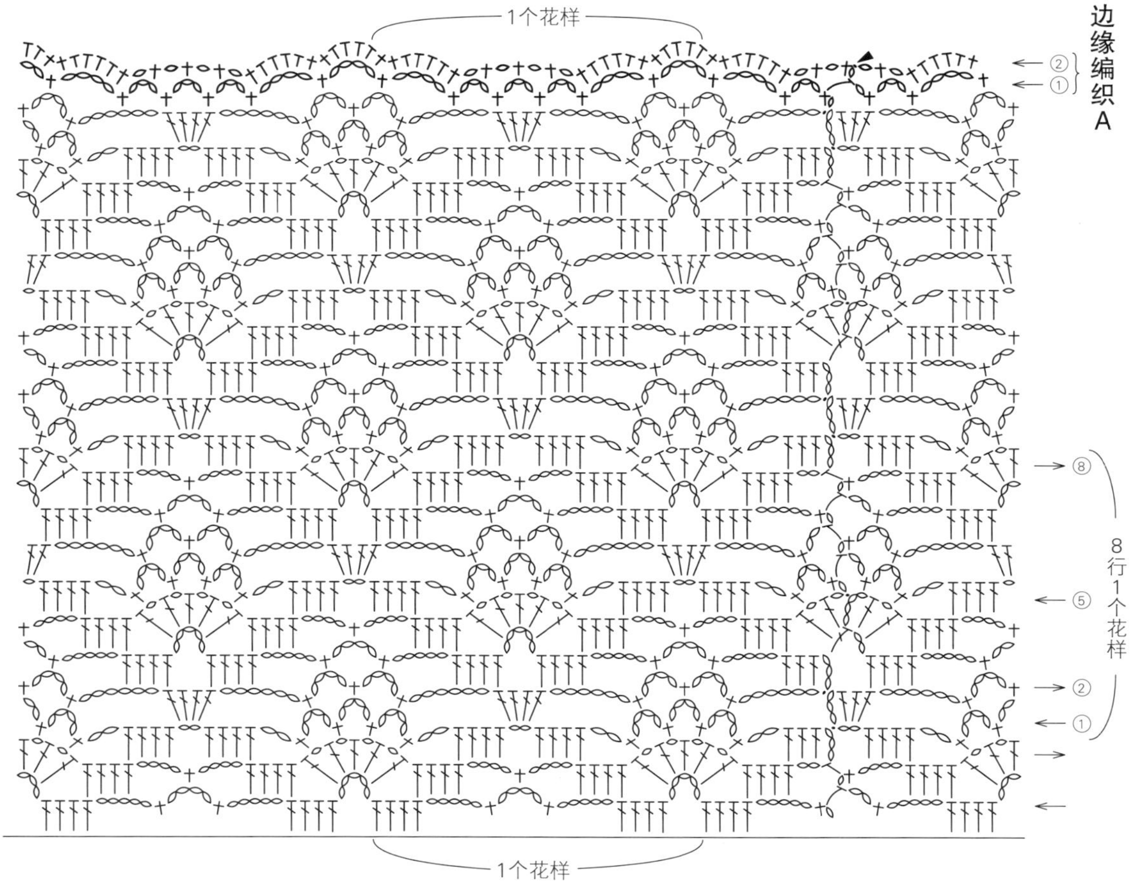

► = 断线

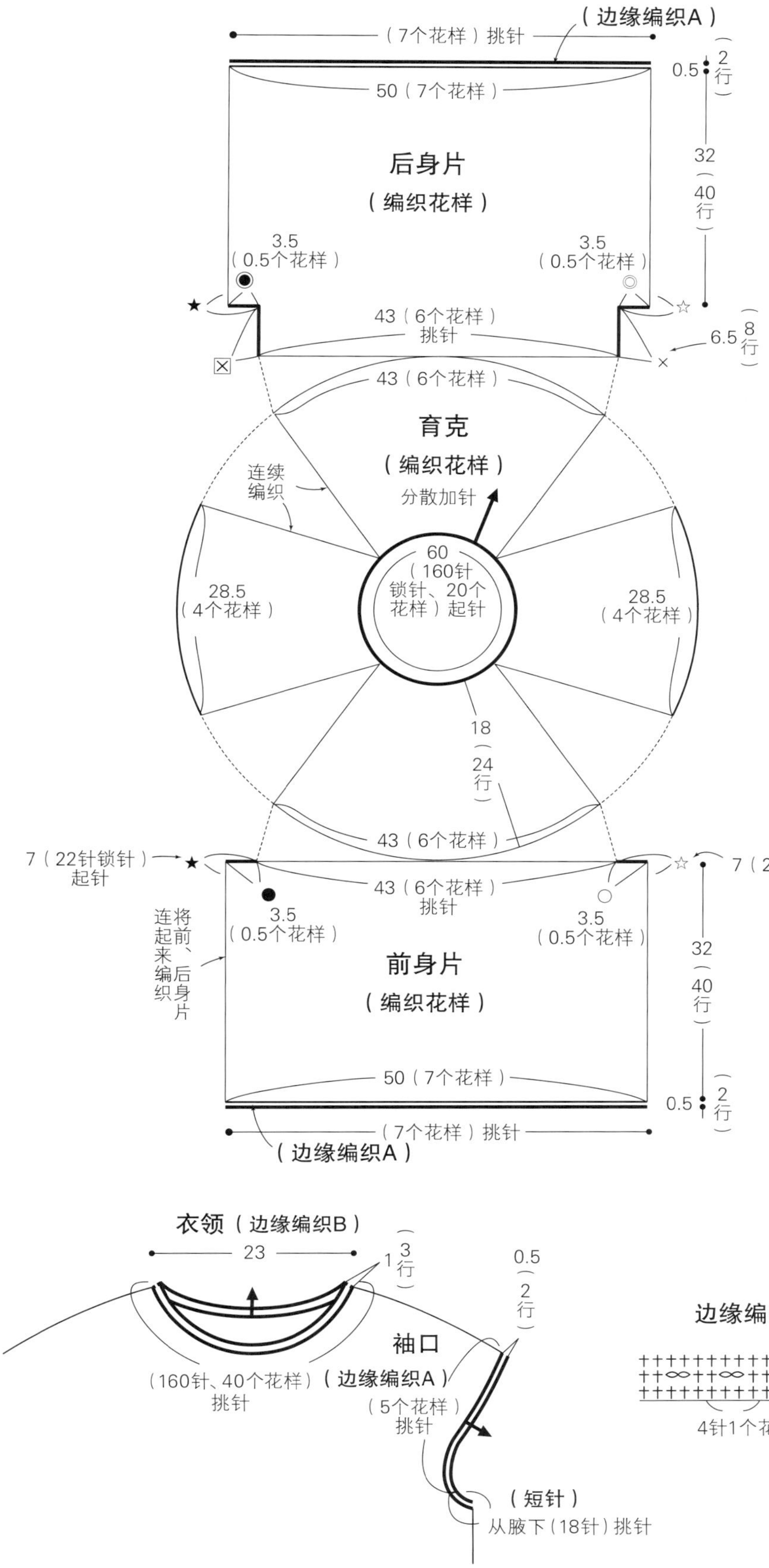

※全部使用3/0号钩针编织

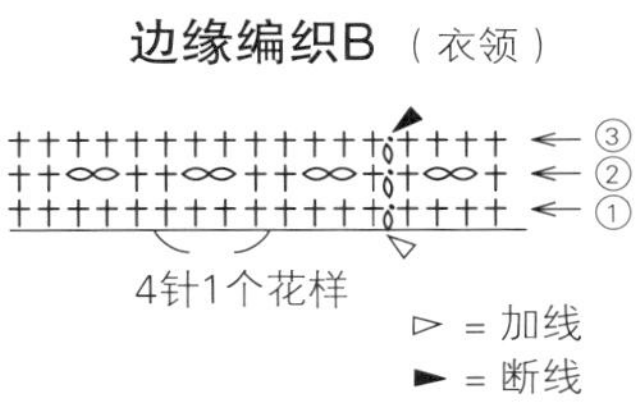

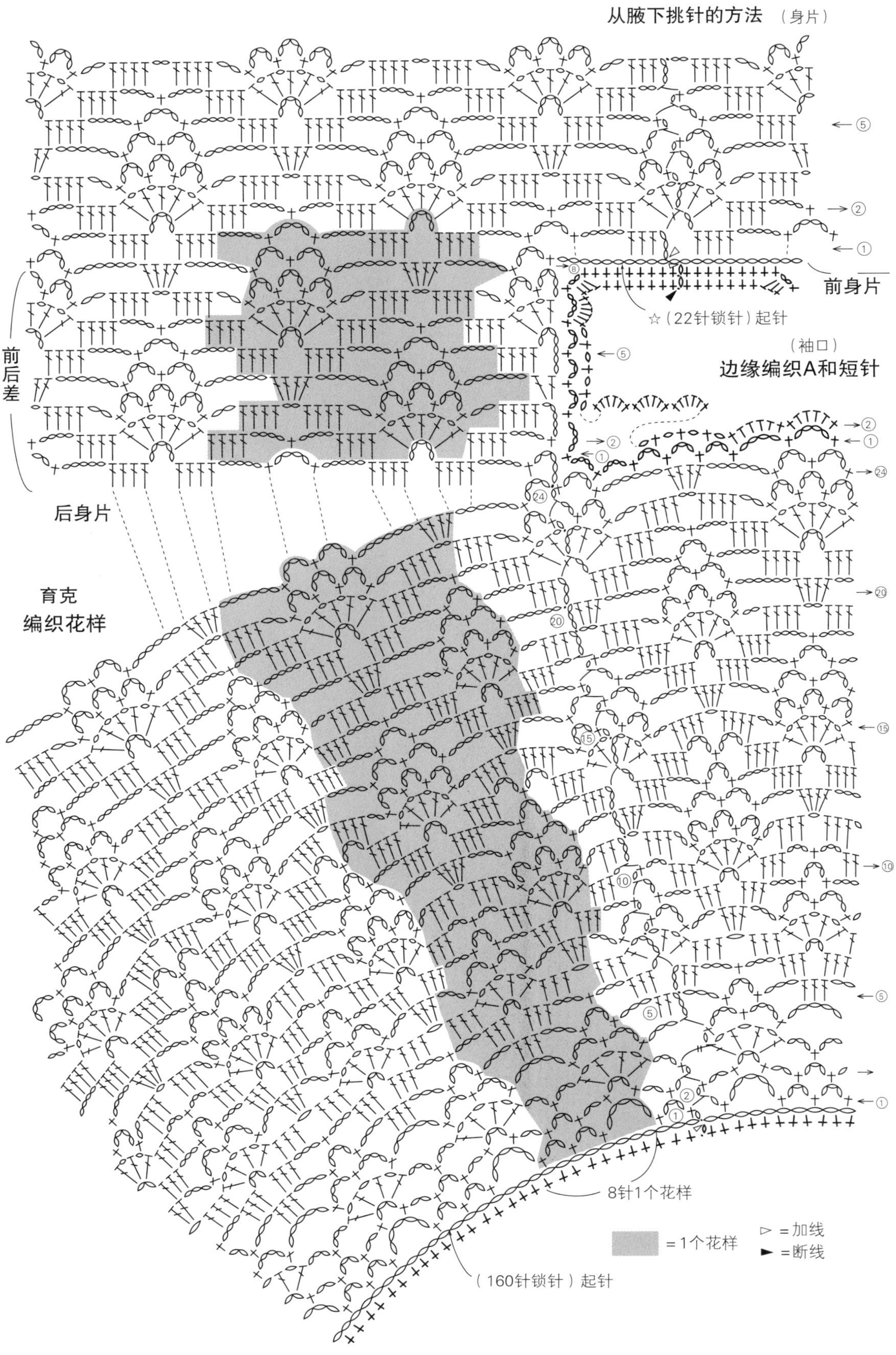

从腋下挑针的方法 （身片）
前身片
☆（22针锁针）起针
（袖口）
边缘编织A和短针
前后差
后身片
育克
编织花样
8针1个花样
=1个花样
▷ =加线
► =断线
（160针锁针）起针

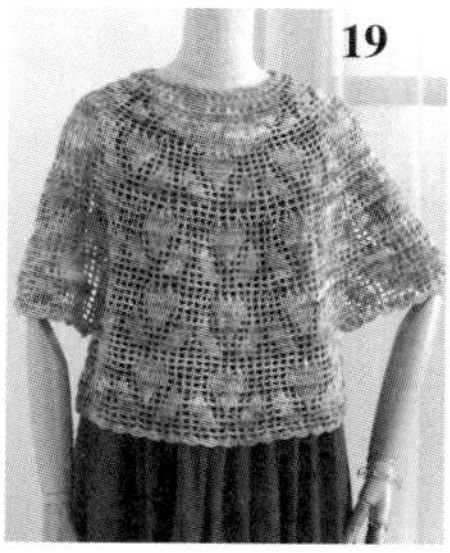

材料和工具

用线 和麻纳卡 **19/** 弥生 浅紫色、米色系（2）180g/8 团 **20/** Washable Linen 白色（1）180g/8 团

钩针 4/0 号

成品尺寸

19/ 胸围 104cm，衣长 44.5cm，连肩袖长 45cm

20/ 胸围 110cm，衣长 44.5cm，连肩袖长 45.5cm

编织密度

10cm×10cm 面积内：**19/** 编织花样 A ~ C 均为 26 针，11.5 行 **20/** 编织花样 A ~ C 均为 24.5 针，11.5 行

编织要点

育克…领窝锁针起针连成环形，挑取锁针的里山和半针 2 根线，按照编织花样 A ~ C，一边加针一边往返编织。从起针的锁针挑针，参照图示，按照编织花样 A 在后领窝编织前后差。

身片…将育克分为前、后身片和衣袖。从育克和腋下的 8 针锁针挑针，按照编织花样 A、C 编织前、后身片。下摆按照边缘编织 A 编织。

衣袖…从育克和腋下挑针，一边在袖下减针一边按照编织花样 A 和边缘编织 A 做环形编织。

组合…衣领从锁针起针和前后差挑针，按照边缘编织 B 编织。

衣领（边缘编织B）

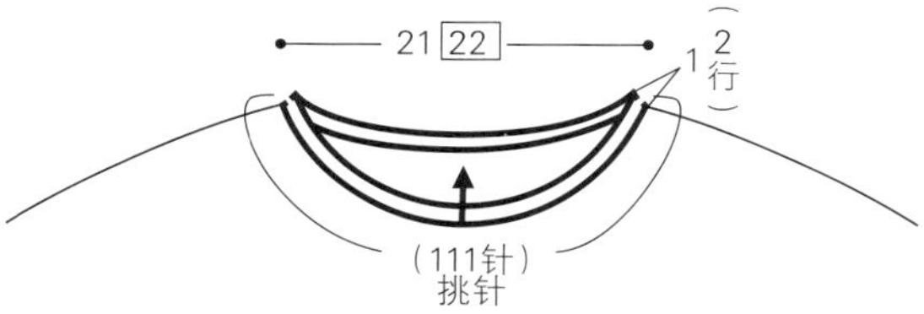

边缘编织B（衣领）

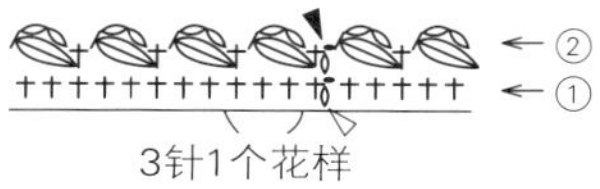

※ ▭ 内的数字是作品20的尺寸，其他的数字均为两个作品通用的尺寸

编织花样A

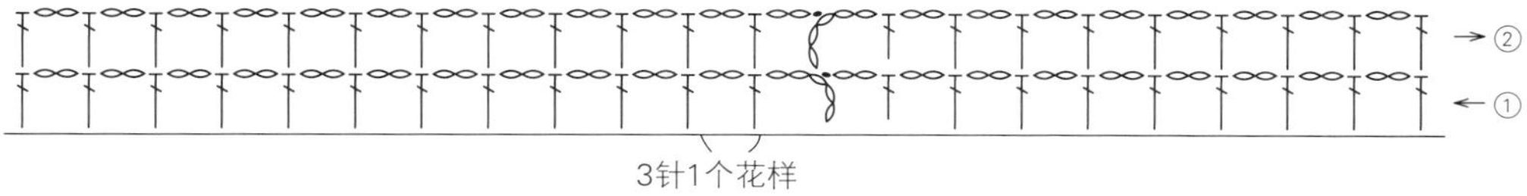

左袖下的减针

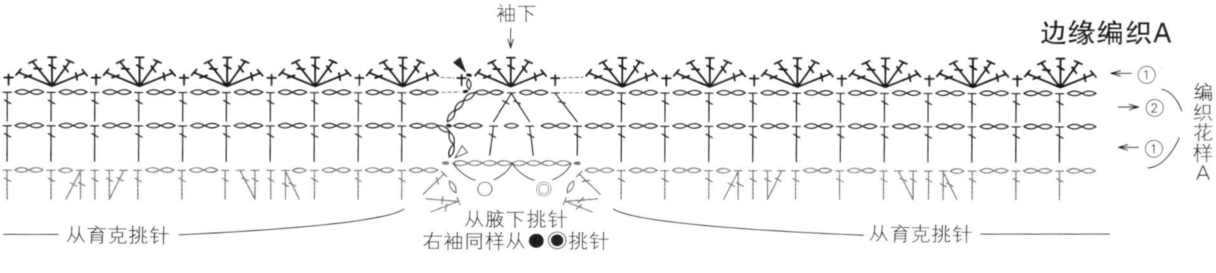

从腋下挑针的方法（衣袖）

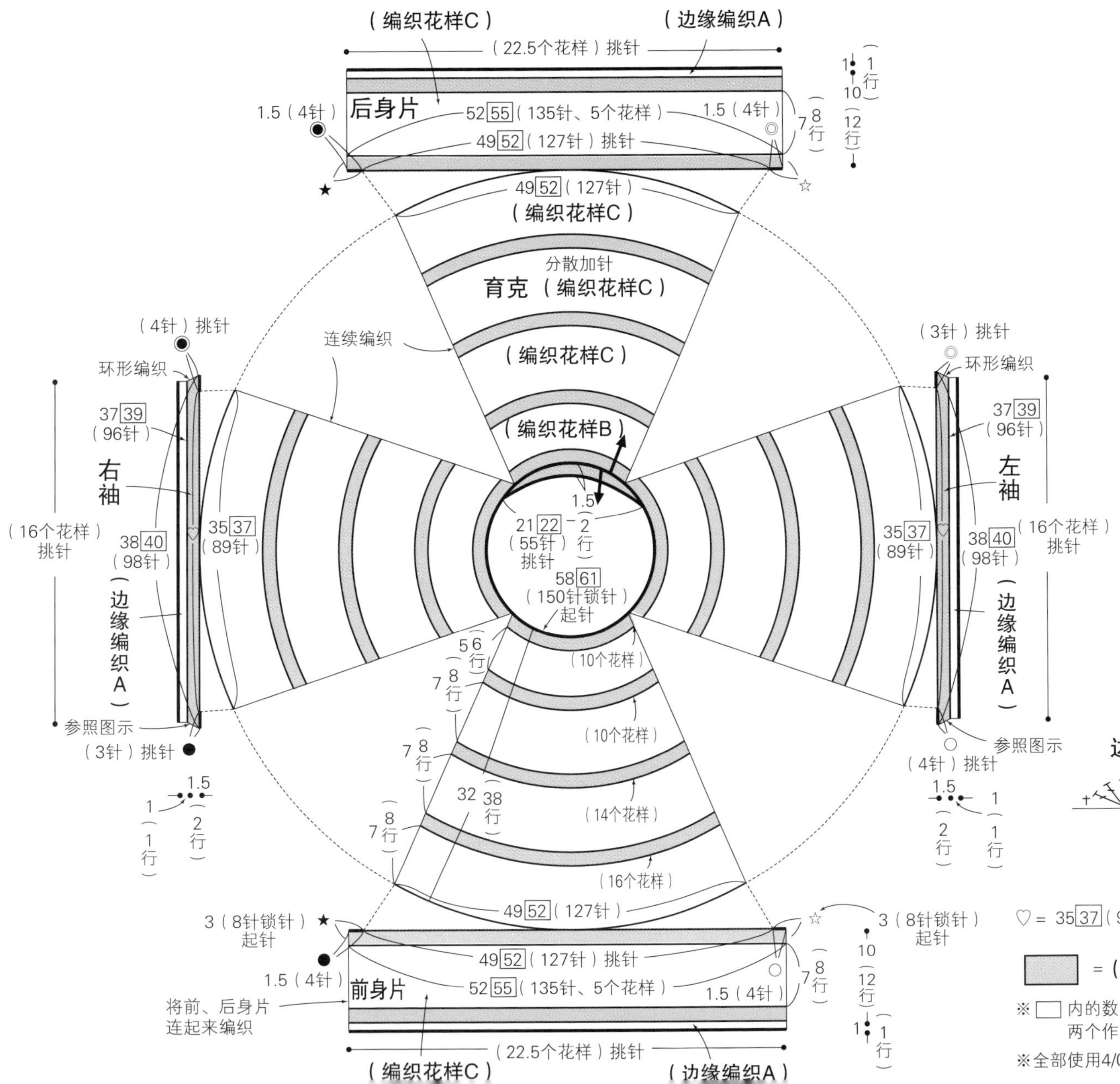

边缘编织A（下摆、袖口）

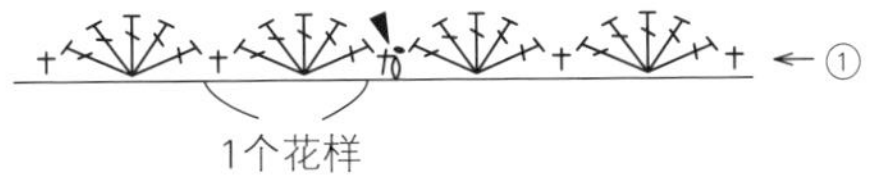

♡＝35 37（91针）挑针

▭＝（编织花样A）1.5（2行）

※□内的数字是作品**20**的尺寸，其他的数字均为两个作品通用的尺寸

※全部使用4/0号钩针编织

后身片、前身片

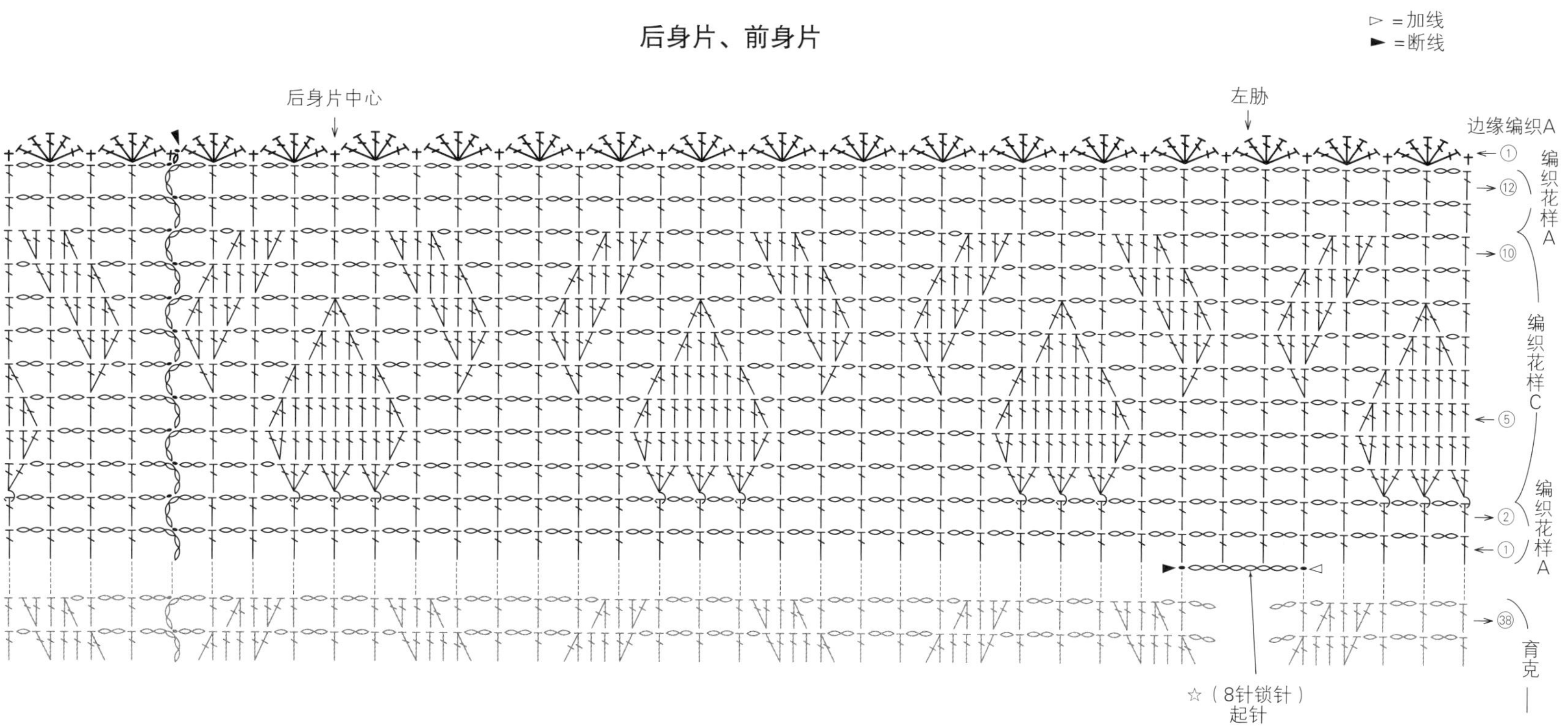

从腋下挑针的方法（身片）

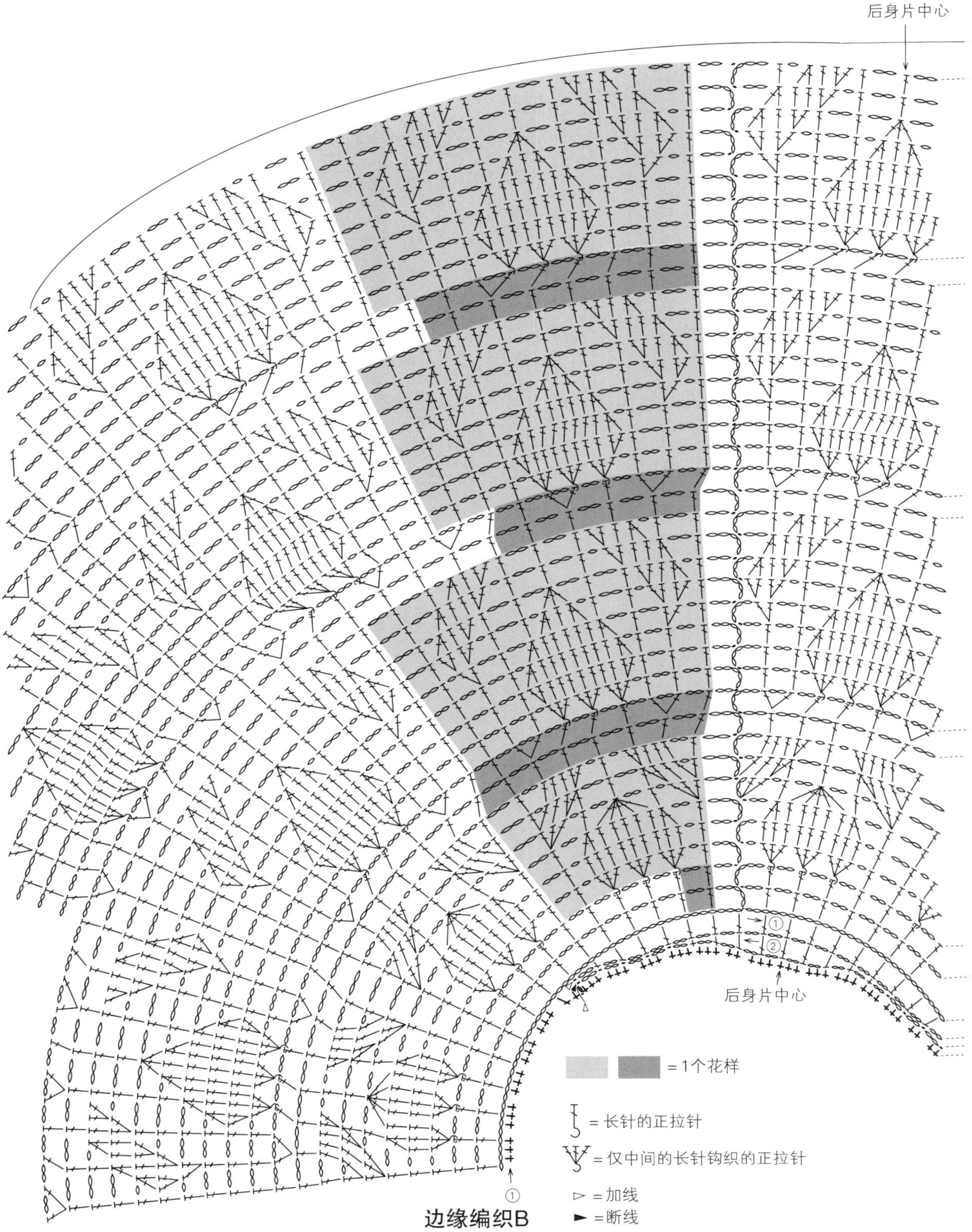

边缘编织B

= 1个花样

= 长针的正拉针

= 仅中间的长针钩织的正拉针

▷ = 加线

► = 断线

育克的分散加针

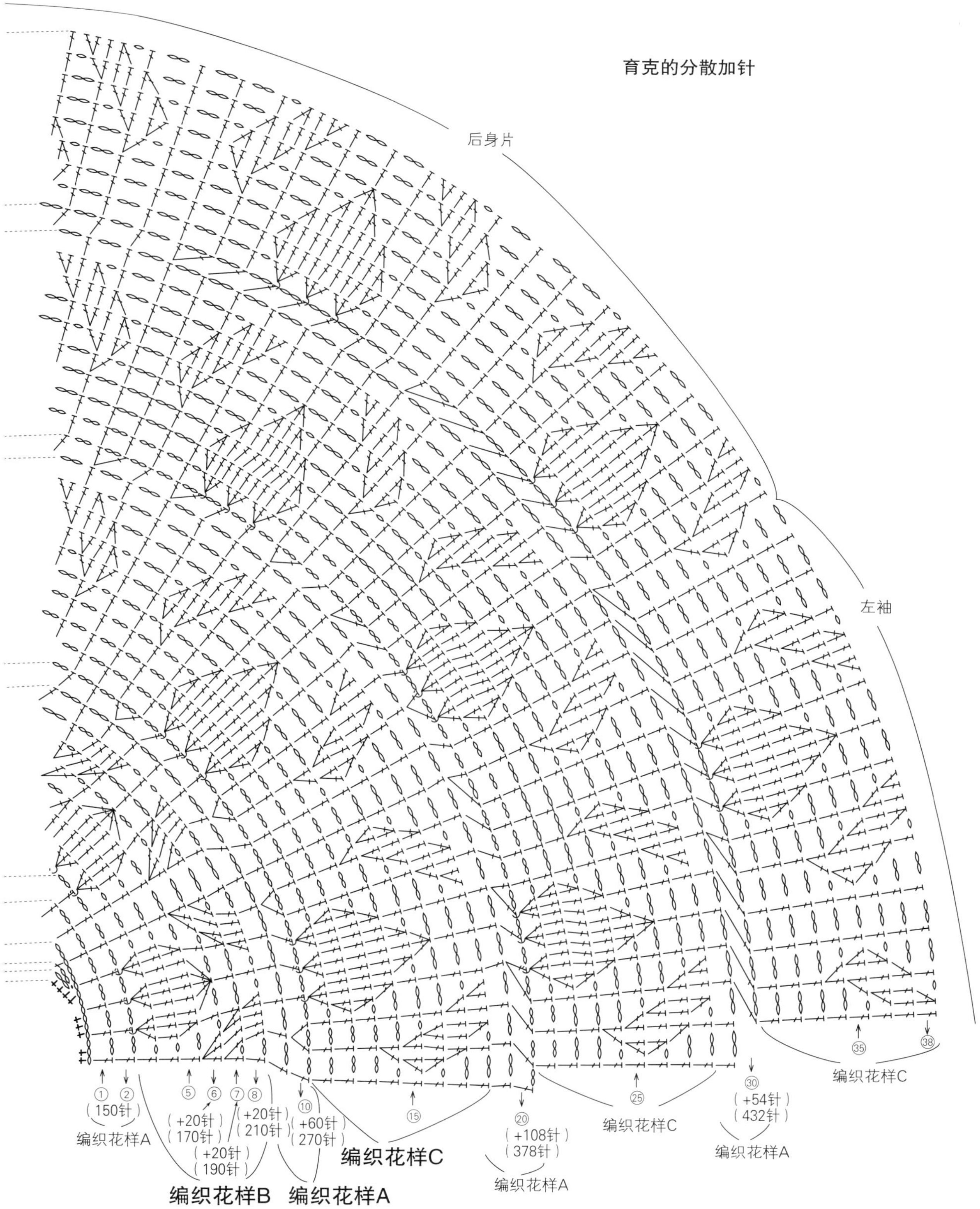

后身片
左袖
① ②
(150针)
编织花样A
⑤ ⑥ ⑦ ⑧
(+20针)
(170针)
(+20针)
(190针)
(+20针)
(210针)
⑩
(+60针)
(270针)
⑮
编织花样C
编织花样B
编织花样A
⑳
(+108针)
(378针)
编织花样A
㉕
编织花样C
㉚
(+54针)
(432针)
编织花样A
㉟ ㊳
编织花样C

Photographer: Toshikatsu Watanabe
Original Japanese edition published in Japan by NIHON VOGUE Corp.
Simplified Chinese translation rights arranged with Beijing Vogue Dacheng Craft Co., Ltd.

备案号：豫著许可备字-2024-A-0034

图书在版编目（CIP）数据

从领口开始编织的钩针毛衫 / 日本宝库社编著；周晶译. -- 郑州 : 河南科学技术出版社，2025. 6（2025.11重印）.
ISBN 978-7-5725-2048-8

Ⅰ. TS935.521-64

中国国家版本馆 CIP 数据核字第 20250U4E16 号

出版发行：河南科学技术出版社
地址：郑州市郑东新区祥盛街27号　邮编：450016
电话：（0371）65787028　65788613
网址：www.hnstp.cn
出 版 人：乔　辉
策划编辑：仝广娜
责任编辑：梁　娟
责任校对：王晓红
封面设计：张　伟
责任印制：徐海东
印　　刷：北京盛通印刷股份有限公司
经　　销：全国新华书店
开　　本：787 mm × 1 092 mm　1/16　印张：6.5　字数：170千字
版　　次：2025年6月第1版　2025年11月第2次印刷
定　　价：59.00元

如发现印、装质量问题，影响阅读，请与出版社联系并调换。